明庭果 鲁 茜 杨 勇◎主编

建设工程造价管理研究

Research on
Construction Cost Management

延边大学出版社

图书在版编目（CIP）数据

建设工程造价管理研究 / 明庭果, 鲁茜, 杨勇主编
. -- 延吉：延边大学出版社, 2019.7
ISBN 978-7-5688-7280-5

Ⅰ.①建… Ⅱ.①明… ②鲁… ③杨… Ⅲ.①建筑造
价管理－研究 Ⅳ.①TU723.3

中国版本图书馆 CIP 数据核字(2019)第 138405 号

建设工程造价管理研究

主　　编：明庭果　鲁　茜　杨　勇
责任编辑：葛　琦
封面设计：黄司明
出版发行：延边大学出版社
社　　址：吉林省延吉市公园路 977 号　　　邮　　编：133002
网　　址：http://www.ydcbs.com　　　E-mail：ydcbs@ydcbs.com
电　　话：0433-2732435　　　传　　真：0433-2732434
制　　作：山东延大兴业文化传媒有限责任公司
印　　刷：天津雅泽印刷有限公司
开　　本：787×1092　　1/16
印　　张：13.5
字　　数：205 千字
版　　次：2019 年 7 月第 1 版
印　　次：2019 年 7 月第 1 次印刷
书　　号：ISBN 978-7-5688-7280-5

定价：69.00 元

前 言

PREFACE

　　建设工程造价管理是集技术、经济、法规于一体的系统工程,运用科学的技术原理和经济及法律等管理手段,解决工程建设活动中工程造价的确定与控制、技术与经济、经营与管理等实际问题,具有丰富的理论内涵和极强的实用价值。

　　随着经济建设的飞速发展,我国已经成为世界上建设工程投资最大、项目最多的国家。我国工程造价管理体制、管理模式也在逐步与国际惯例接轨。工程造价管理关系着资源的合理配置、投资的有效利用、国民经济的健康发展。对于工程造价管理领域的从业人员熟悉工程造价管理相关法规、掌握工程造价管理的操作技能、了解工程造价管理先进理念是职责所系。

　　为顺应我国工程造价管理改革不断深化的形势发展要求,本书按照我国工程造价管理改革的指导思想和目标、现行的工程计价相关法规与政策、工程造价管理的国际惯例,参照《工程量清单计价规范》《建设工程预算定额》等,结合工程造价管理工作的实际经验,以建设项目全过程造价管理理论为指导,从建设工程造价管理的概念出发,系统阐述了建设工程造价的构成、分析与评价、建设工程定额等相关知识;围绕建设工程合同管理、工程量清单计价规范、各个阶段工程造价管理等内容展开论述;简要介绍了国外建设工程造价管理新技术。

本书可供建筑企业从事工程造价管理的相关人员参考。本书的编写参考了多部论著与教材,在此向诸位专家、学者们表示诚挚的谢意! 由于编写时间仓促,编者的学识与水平有限,书中难免有不当及疏漏之处,恳请读者指正。

目 录

CONTENTS

第一章 建设工程造价管理概述 ………………………001

第一节 建设工程造价管理的基本概念 ………………001

第二节 建设工程造价管理模式与管理制度 ……………012

第三节 建设工程项目的划分与造价文件的组成 ………023

第四节 现行工程造价咨询制度 …………………………028

第五节 国内外工程造价管理沿革及发展趋势 …………038

第二章 建设工程合同管理 ……………………………055

第一节 建设工程合同概述 ………………………………055

第二节 建设工程施工合同管理 …………………………057

第三节 FIDIC 合同条件简介 ……………………………070

第三章 建设工程工程量清单计价规范 ………………083

第一节 建设工程工程量清单计价规范及其组成 ………083

第二节 建设工程工程量清单计价规范的内容 …………087

第三节 工程量清单的编制原理 …………………………101

第四章 建设项目决策阶段工程造价的管理 …………111

第一节 建设项目可行性研究 ……………………………111

第二节 建设项目投资估算 ………………………………117

第三节 建设项目财务评价 ………………………………124

第五章　建设项目设计阶段的工程造价管理 ·······················133

第一节　设计阶段的工程造价编制 ·······················133

第二节　限额设计与概、预算审查 ·······················141

第三节　施工图预算的编制 ·······················149

第六章　建设项目施工、竣工阶段的工程造价管理 ·······················159

第一节　施工阶段的工程期中价款结算 ·······················159

第二节　竣工阶段工程竣工结算 ·······················166

第三节　工程变更、索赔与结算的管理 ·······················172

第七章　建设工程造价管理新技术 ·······················177

第一节　现代工程造价管理发展模式 ·······················177

第二节　工程造价管理中软件的应用介绍 ·······················182

第三节　BIM技术在工程造价管理中的应用 ·······················184

第四节　外国建设工程造价及管理 ·······················190

参考文献 ·······················205

第一章 建设工程造价管理概述

本章重点论述建设工程造价管理的基本概念,建设工程造价管理的内容、模式和制度,建设工程造价文件与计价特点,现行工程造价咨询制度以及国内外工程造价管理的发展历史和趋势等相关问题。

第一节 建设工程造价管理的基本概念

建设工程是各类建筑建设及其附属设施的建造和与其配套的线路、管道的安装。建设工程造价是指完成一个建设项目所需费用的总和,或者说是一种承包交易价格或合同价。工程造价管理是一项融技术、经济、法规于一体的综合性系统工程。

一、建设工程造价管理的界定

建设工程造价管理是由建设工程、工程造价、造价管理三个属性不同的关键词所组成。在学科门类中,它是一门有其具体的研究对象和独特内容并能解决其特殊矛盾的独立学科。在学科性质上,它是以建设工程项目为研究对象,以工程技术、经济管理为手段,以效益为目标,集多学科知识于一体的一门综合应用性学科。

(一)工程与建设工程

1.工程

工程是将自然科学的原理应用到工农业生产部门中去而形成的各学科的总称,是应用数学、物理学、化学等基础科学的原理,结合在生产实践中所积累的技术经验而发展起来的。其目的是利用自然和改造自然来为人类服务,如土木建筑工程、水利工程、冶金工程、机电工程、化学工程等。工程的主要内容有勘察、设计、施工、材料及构件的选择,设备及产品的设计制造,工艺和施工方法的研究等。

2.建设工程

建设工程即土木工程(也称基本建设工程),既指部件产品,即由建筑业承担固定资产设计、建筑和安装任务的成果,包括房屋建筑物和各类构筑物,又指一个活动范畴,即包括从事整个建筑、市政、交通、水利等土木工程各相关活动的总称。建设工程产品是由多种多样的材料、半成品和成品,通过兴工动料、施工装配组合而成的综合体。建设工程活动是由许多人员和单位分工协作,运用各种机械、工具、材料、设备以及技术手段和管理方法围绕某一特定目标所进行的共同劳动。

(二)建设工程项目分类

按照不同的角度,可以将建设项目分为不同类别。

1.按照建设性质分类

(1)新建项目:新建项目指从无到有,"平地起家",新开始建设的项目。有的建设项目原有基础很小,经扩大建设规模后,其新增加的固定资产价值超过原有固定资产价值3倍以上的,也算新建项目。

(2)扩建项目:扩建项目指原有企业、事业单位,为扩大原有产品生产能力(或效益)或增加新的产品生产能力,而新建主要车间或工程的项目。

(3)改建项目:改建项目实际上包括改扩建与技术改造项目,指原有企业为提高生产效率,改进产品质量或改变产品方向,对原有设备或工程进行改造的项目。有的企业为了平衡生产能力,增建一些附属、辅助车间或非生产性工程,也算改建项目。

(4)迁建项目:迁建项目指原有企业、事业单位,由于各种原因经上级批准搬迁到另地建设的项目。迁建项目中符合新建、扩建、改建条件的,应分别作为新建、扩建或改建项目。迁建项目不包括留在原址的部分。

(5)恢复项目:恢复项目指企业、事业单位因自然灾害、战争等原因使原有固定资产全部或部分报废,后来又投资按原有规模重新恢复起来的项目。在恢复的同时进行扩建的,应作为扩建项目。

2.按照建设规模分类

基本建设项目按照设计生产能力和投资规模分为大型项目、中型项目和小型项目三类。更新改造项目按照投资额分为限额以上项目和限额以下项目。

3.按项目法人组建分类

我国实行建设项目法人责任制以后,将投资项目按项目融资方式不同分为新设项目法人项目(简称新设法人项目)和既有项目法人项目(简称既有法人项目)。于是原来所称的新建项目一般归为新设法人项目,而依托现有法人进行融资活动并承担责任和风险、项目建成后仍由现有企业管理的项目即既有法人项目,包括改、扩建与技术改造项目和部分由现有企业发起的异地新建项目。

4.按照国民经济各行业性质和特点分类

建设项目分为竞争性项目、基础性项目和公益性项目三类。

(1)竞争性项目:指投资效益比较高、竞争性比较强的一般性建设项目。

(2)基础性项目:指具有自然垄断性、建设周期长、投资额大而收益低的基础设施和需要政府重点扶持的 部分基础工业项目,以及直接增强国力的符合经济规模的支柱产业项目。

(3)公益性项目:主要包括科技、文教、卫生、体育和环保等设施,公、检、法等政权机关以及政府机关、社会团体办公设施和国防建设等。

(三)工程造价

中国建设工程造价管理协会学术委员会给工程造价赋予了一词双义,即工程造价有两种含义:一是指投资额或称建设成本,二是指合同价或称承发包价格。

1.工程造价的两种含义

"双义"之一的投资额(建设成本),是指建设项目(单项工程)的建设成本,即完成一个建设项目(单项工程)所需费用的总和,它包括建筑工程、安装工程、设备及其他相关费用。投资额是对投资方、业主、项目法人而言的。为谋求以较低投入获取较高产出，在确保功能要求、工程质量的基础上，投资额总是要求越低越好，这就必须对投资额实行从前期开始的全过程控制和管理。这应属项目法人的自我要求和自主职责。国家也有必要的政策引导和监督。

"双义"之二的合同价（承发包价），是指建设工程实施建造的契约性价格。合同价是对发包方、承包方双方而言的。一方面，由于双方的利益追求是有矛盾的，在具体工程上，发包方希望少花费投资，而承包方则希望多赚取利润，各自通过市场谋取有利于自身的合理的承发包价，并保证价款支付的兑现和风险的补偿，因此双方都有对具体工程项目的价格管理问题。另一方面，市场经济是需要引导的，为了保证市场竞争的规范有序，确保市场定价的合理性，避免各种类型包括不合理的高报价与人为压价在内的不正当竞争行为的发生，国家也必须加强对市场定价的管理，进行必要的宏观调控和监督。这种管理属于价格管理范畴，它要服从于价值规律的要求，服从于国民经济整体利益的需要，而不以发包方或承包方单方面的主观愿望为转移。[①]

上述"双义"所涉及的两种含义，是两个相对独立的主题，遵循着各自不同的原理与原则，因而很难视为"广义"与"狭义"的关系。就管理而言，对前者的管理包容不了对后者的管理，对后者的管理也不隶属于对前者的管理，但两者有着密切的联系。在我国现行的管理体制上和实际工作中，经常有把两者合并放在一起的情况。

2.工程造价不同含义的区别

工程造价的两种不同含义正好反映了工程造价的特点。如前所述，建设成本对应的是工程投资，承发包价对应的是工程价格，两者区别见（表1-1）。

①刘常英. 建设工程造价管理[M]. 北京：金盾出版社，2003.

表1-1 工程造价两种含义的区别

区别分类	工程投资	工程价格
性质不同	不属于价格性质	为合同价,属于价格性质
要求不同	取决于项目决策的正确与否,建设标准是否适用以及设计方案是否优化	在于是否反映其价值,是否符合价格形成机制的要求,是否具有合理的利税率
形成的机制不同	基础是项目决策,工程设计,材料、设备的采购并进行建筑安装,从而形成工程投资	基础是价值,它的形成受市场价值规律、供求规律以及竞争规律的支配和影响
存在的问题及原因不同	工程决策失误,盲目上马,重复建设,设计标准脱离实情	价格偏离价值,利益主体的利益诉求不同

一般来说,业主进行工程项目建设实现投资不是为了出卖交换,因而其投资额不具有价格性质,当然,投资额取决于价格因素,同时投资额也是通过价格来体现的。

(四)造价管理

管理,是为完成一项任务或实施一个过程所进行的计划、组织、指挥、协调、控制、处理的工作总和,是人类组织社会生产活动的一个最基本的手段。可以认为,管理是一种特定的生产力。

1.工程造价管理的内涵

工程造价管理由于工程造价含义的双重性,因而对工程投资的管理(即具体项目的建设成本管理)与对工程价格的管理(即承发包价格管理)有显著的不同。工程造价管理内涵在管理性质、管理目的与涉及范围等方面的不同如(表1-2)所示。

表1-2 工程造价管理两种内涵对比

分类	工程投资管理	工程价格管理
性质不同	属于微观投资管理的范畴	属于价格管理的范畴
目的不同	目的在于提高投资效益,在优化方案的基础上使实际投资额不超过投资限额	目的在于要求工程价格要反映价值与供求关系,以保证合同双方合理合法的经济利益
涉及的范围不同	贯穿于项目决策、工程设计、施工过程及竣工验收的全过程;由于投资主体不同,资金的来源渠道不同,涉及的单位也不同	不论投资主体是谁,资金来源渠道如何,只是涉及工程发包方、承包方双方之间的关系

工程造价管理的两种内涵虽有不同之处,但两者仍有着密切的联系,这就提醒我们,在不同的场合必须针对具体情况,或侧重其一,或全面考虑。另外,工程造价管理还涉及计价依据的管理和对工程造价专业队伍及人员的管理。

2.工程造价管理的特点

工程造价管理的特点主要包括以下几点。

(1)时效性:反映的是某一时期内的价格特性,即随时间的变化而不断变化。

(2)公正性:既要维护业主(投资人)的合法权益,也要维护承包商的利益,站在公允的立场上一手托两家。

(3)规范性:由于建筑产品千差万别,构成造价的基本要素可分解为便于可比与计量的假定产品,因而要求标准客观、工作程序规范。

(4)准确性:即运用科学、技术原理及法律手段进行科学管理,计量、计价、计费有理有据,有法可依。

二、建设工程造价计价的特点与影响造价的因素

建设工程造价的计价,除具有一般商品计价的共同特点外,由于建设产品本身的固定性、多样性、体积庞大、生产周期长等特点,直接导致其生产过程的流动性、单一性、阶段性突出。工程造价具有各种商品价格的共性,它的运动受价值规律、货币流通规律和商品供求规律的支配。

(一)工程造价计价的特点

建筑工程的生产及其产品不同于一般工业品,它在整个寿命期内坐落在一个固定地方,与大地相连,因而包括土地的价格;生产方式取决于季节、气候且施工人员与机械围绕产品"流动",因而需要有施工措施费;建筑产品进入消费领域不是在空间上发生物理运动而是观念上的流通,因而价格构成中不包含一般商品由于使用价值运动引起的生产流通费用,如运输包装费;交易方式不同于现货交易,也不同于期货交易。因此,工程造价的计价特点为单件性、多次性、假定产品。

1.单件性计价

每一个工程项目都有其特定的用途,因而在其实物形态上表现为千

姿百态、千差万别。它们有不同的平面布局、不同的结构形式、不同的立面造型、不同的装饰装修、不同的体量容积、不同的建筑面积,所采用的技术工艺以及材料设备也不尽相同。即使是相同功能的工程项目,其技术水平、建筑等级与建筑标准也有差别。工程项目的技术要素指标还得适应所在地的环境气候、地质、水文等自然条件,适应当地的风俗习惯;再加上不同地区构成投资费用的各种价值要素的差异,致使建设项目不能像对工业产品那样按品种、规格、质量成批地定价,只能是单件计价。也就是说,一般不能由国家或企业规定统一的造价,只能就各个项目(建设项目或工程项目)通过特殊的程序(编制估算、概算、预算、合同价、结算价及最后确定竣工决算价等)计算工程造价。

2.多阶段计价

工程项目的建造过程是一个周期长、数量大的生产消费过程,包括可行性研究在内的设计过程一般较长,而且要分阶段进行,逐步加深。为了适应工程建设过程中各方经济关系的建立,适应项目管理的要求,适应工程造价控制和管理的要求,需要按照设计和建造阶段多次进行计价。

在编制项目建议书、进行可行性研究阶段,一般可按规定的投资估算指标、以往类似工程的造价资料、现行的设备材料价格并结合工程实际情况进行投资估算。在初步设计阶段,总承包设计单位要根据初步设计的总体布置、工程项目、各单项工程的主要结构和设备清单,采用有关概算定额或概算指标等编制建设项目的总概算来设计。设计概算是指在初步设计阶段对建设工程预期造价所进行的优化、计算、核定及相应文件的编制。初步设计阶段的概算(含修正概算)所预计和核定的工程造价称为概算造价。在建筑安装工程开工前,要根据施工图设计确定的工程量,或采用清单计价模式用以编制招标控制价,或采用定额计价模式套用有关预算定额单价、间接费取费率和利润率等编制施工图预算。在签订建设项目或工程项目总承包合同、建筑安装工程承包合同、设备材料采购合同时,要在对设备材料价格发展趋势进行分析和预测的基础上,通过招标投标,由发包方和承包方共同确定一致同意的合同价作为双方结算的基础。工程项目竣工交付使用时,建设单位需编制竣工决算,反映工程建设项目的实际造价和建成交付使用的固定资产及流动资产的详细情况,作为资产交接、建立资产明细表和登记新增资产价值的依据。通过竣工决算所显示的完成一个建设工程所实际花费的费用,就是该建设工程的实际造价。

3.分解组合计价

一般来说,建设项目是按照一个总体设计进行建设(施工)的建设单位,即凡是按照一个总体设计进行建设的各个单项工程总体即一个建设项目,它一般指一个企业(或联合企业)、事业单位或独立的工程项目。单项工程是可独立发挥生产能力或效益的工程单位,即在建设项目中,凡是具有独立的设计文件、接工后可以独立发挥生产能力或工程效益的工程为单项工程。也可将它理解为具有独立存在意义的完整的工程项目。各单项工程又可分解为各个能独立施工的单位工程,即单位工程是能进行独立施工和单独进行造价计算的对象。考虑到组成单位工程的各部分是由不同工人用不同工具和材料完成的,可以把单位工程进一步分解为分部工程,即分部工程是为了便于工料核算,按结构特征、构件性质、材料设备的型号与种类的不同,对不同部位及不同施工方法而划分的工程部位或构部件,如土方工程、混凝土工程。至于分项工程,则是按施工要求和材料品种规格而划分的一定计量单位的建筑安装产品,即按照不同的施工方法、构造及规格,把分部工程更细致地分解为分项工程。分项工程是能用较为简单的施工过程生产出来、可以用适当的计量单位计算并便于测定或计算的工程基本构造要素,也是假定的建筑安装产品。

建设工程具有按工程构成分解组合计价的特点。例如,为确定建设项目的总概算,要先计算各单位工程的概算,再计算各单项工程的综合概算,再汇总成建设项目总概算。又如,单位工程的施工图预算一般按分部工程、分项工程采用相应的定额单价、费用标准进行计算,这种方法称为预算单价法(又称基价法)。另外还有实物量法,即利用概预算定额,汇总计算单位工程或单项工程所需的人工、材料、施工机械台班实际消耗量,然后再乘以当地当时的单价,得出工程直接费,再按费用标准计算间接费及利润和税金。预算单价法和实物量法属于两种计价模式之一的工料单价法,另一种计价模式是综合单价法。

值得注意的是,上述所称一般"分项工程"的概念与清单分项工程是有区别的。因为清单分项是一个综合性概念,多属分部分项工程或专业工种工程分项,它可以包括上述定额分项工程中的一个或一个以上的分项工程。

（二）影响工程造价的因素

1.价值规律对工程造价的影响

价值规律是商品生产的经济规律。同一部门内生产同样使用价值的不同企业,虽然每个企业的劳动消耗不同,但决定价值的却是社会必要劳动消耗,而不是某一个企业的劳动消耗。这是价值规律的一般表现。分配在不同部门的劳动量,也应是各个不同部门的社会必要劳动量,即各不同部门的劳动分配量必须同各部门的劳动需要量相适应。

价值规律要求商品价格以价值为基础,并不等于说二者在任何情况下都完全一致。从总量和趋势上看,商品的价格符合其价值具有必然性;而从个别量和表现上看,商品的价格符合其价值又具有偶然性。

2.货币流通规律对工程造价的影响

价格是商品价值的货币表现,即商品价值同货币价值的对比,因而价格与商品价值成正比,与单位货币所代表的价值量成反比。在商品流通数量已定的条件下,每一货币单位代表的价值量越大,则商品价格总额越小,货币流通数量就越少;每一货币单位所代表的价值量越小,则商品价格总额越大,从而流通中的货币必要量也就越多。由于纸币是价值符号,本身没有价格,一般也不具备贮藏职能,所以一旦流通中的纸币数量超过了客观需要量,它不会自动退出流通,这样纸币必然会贬值,造成商品价格上涨,即通常所说的通货膨胀。

3.供求规律对工程造价的影响

商品价格除了由商品价值和货币价值本身决定以外,同时还受市场供给与需求情况的影响。工程造价既受到来自价格内在因素——价值运动的影响,又受到币值、供求关系的影响,还受到财政、信贷、工资、利润、利率等各方面变化的影响。也就是说,工程造价作为建设工程价值的现实运动形式,除了主要反映生产商品耗费的社会必要劳动时间这个价值的生产条件外,还要反映价值的实现条件和分配状况,同时还要反映来自上层建筑方面的要求。从这个意义上讲,工程造价也是国民经济的综合反映。

值得指出的是,上述影响工程造价的因素是从价格管理角度而言的。若从投资费用而言,则影响工程造价的因素还有工期、质量、职业健康安全与环境管理等方面。

三、工程造价管理的目标及工作要素

工程造价管理是运用科学、技术原理和经济及法律手段,解决工程建设活动中造价的确定与控制、技术与经济、引导与服务、管理与监督等实际问题,从而提高投资经济效益。

(一)工程造价管理的目标及管理对象

1.工程造价管理的目标

遵循价值规律,健全价格调控机制,培育和规范建筑市场中劳动力、技术、信息等市场要素,企业依据政府和社会咨询机构提供的市场价格信息和造价指数自主报价,建立以市场形成为主的价格机制。通过市场价格机制的运行,达到优化配置资源、合理使用投资、有效控制工程造价的目标,取得最佳投资效益和经济效益,形成统一、开放、协调、有序的建筑市场体系,将政府在工程造价管理中的职能从行政管理、直接管理转换为法规管理及协调监督,制定和完善建筑市场中经济管理规则,规范招标投标及承发包行为,制止不正当竞争,严格中介机构人员的资格认定,规范社会中介咨询机构的行为,对工程造价实施全过程、全方位的动态管理,建立符合中国国情与国际惯例接轨的工程造价管理体系。

2.工程造价管理的对象

工程造价管理的对象分为客体和主体。客体是工程建设项目,而主体是业主或投资人(建设单位)、承包商或承建商(设计单位、施工企业)以及监理、咨询等机构及其工作人员。具体的工程造价管理工作的管理范围、内容和作用各不相同。

(二)工程造价管理的工作要素

工程造价管理决定着建设项目的投资效益,它所要达到的目标一是造价本身(投入产出比)合理,二是实际造价不超概算。为此,要从工程项目的前期工作开始,采取"全过程、全方位"的方针实施管理。这里介绍中国建设工程造价协会学术委员会关于工程造价具体的工作要素即主要环节。

1. 可行性研究阶段对建设方案认真优选,编好、定好投资估算,考虑风险,打足投资。

2. 从优选择建设项目的设计单位、承建单位、监理(咨询)单位,搞好相应的招标工作。

3. 合理选定工程的建设标准、设计标准,贯彻国家建设方针。

4. 按估算对初步设计(含应有的施工组织设计)进行控制,积极、合理地采用新技术、新工艺、新材料、新设备,优化设计方案,编制合理的设计概算。

5. 对设备、主材进行择优采购及相应的招标。

6. 择优选定建筑安装施工单位。

7. 认真控制施工图设计,推行"限额设计"。

8. 协调好与有关方面的关系,合理处理好配套工作(包括征地、拆迁、城建规划等)中的经济关系。

9. 严格按概算对造价实行静态控制、动态管理。

10. 用好、管好建设资金,保证资金合理、有效使用,减少资金利息支出和损失。

11. 严格合同管理,做好工程索赔、价款结算。

12. 搞好工程的建设管理,确保工程质量、进度和安全。

13. 组织好生产人员的培训,确保工程顺利投产。

14. 强化项目法人责任制,落实项目法人对工程造价管理的主体地位,在法人组织内建立与造价紧密结合的经济责任制。

15. 社会咨询(监理)机构要为项目法人积极开展工程造价全过程、全方位的咨询服务,坚持职业道德,确保服务质量。

16.各造价管理部门要强化服务意识,强化基础工作(定额、指标、价格、工程量、造价等信息资料)的建设,为建设工程造价的合理计定提供动态的可靠依据。

17.各单位、各部门要组织造价工程师的选拔、培养、培训工作,加快人员素质和工作水平的提高。

第二节 建设工程造价管理模式与管理制度

工程造价管理模式是工程造价管理理论、管理方法、管理内容、应用范围等的统称,受制于工程项目的管理模式,是规范工程造价管理业务的相关法规政策、组织体系、管理模式等的统称。本节详细介绍建设工程造价管理的模式与相关制度。

一、建设工程造价管理模式

由于项目管理有传统模式和现代模式之分,因此,工程造价管理模式也分为传统模式与现代模式两大类型。

(一)传统工程造价管理模式

我国的传统工程造价管理模式是通过国家或地方规定统一工程定额(工程的计价标准)进行工程造价确定与控制的管理模式。传统工程造价管理模式要求必须根据国家或地方规定的各种实物定额、取费标准、估价指标等,确定工程前期决策阶段的投资估算价、设计阶段的概(预)算价、施工建造阶段的结算价、竣工验收阶段的竣工结算价,并力图通过事后实施的工程结算与工程变更的管理,去实现以工程的投资估算价控制概算价、以概算价控制预算价、以预算价控制结算价、以期中结算价控制竣工结算价的工程造价控制目标。但实践中却出现严重的概算超估算、预算超概算、结算超预算的"三超"问题。我国工程造价管理的实践表明,不符合工程造价管理市场化的发展趋势,传统工程造价管理模式只能与工程项目的计划管理体制相适应。

（二）现代工程造价管理模式

现代工程造价管理模式是建立在最新现代项目管理知识体系上的，符合社会经济发展趋势和规律，适应市场经济下工程造价管理实践的全新的造价管理模式。主要包括以下三种。

1.全生命周期造价管理模式

工程的全生命周期由工程的建设期和工程的营运期两个部分构成。全生命周期造价管理模式是综合考虑一项工程的建设期成本和营运期成本，通过科学的方法设计和规划工程全生命周期的造价，使其形成工程全生命周期造价最低、工程最终价值最高的工程造价管理模式。全生命周期造价管理模式是英国工程造价管理学界在1974年提出的，这种模式以侧重于工程前期决策和规划设计阶段的工程造价管理为主要特点。

2.全过程造价管理模式

全过程造价管理模式是对工程的前期决策阶段、规划设计阶段、建设实施阶段、竣工验收与投资回收阶段整个过程的工作进行活动分解，从项目活动所需资源的确定和控制入手，减少和消除无效或低效活动的资源消耗，以合理使用资源形成工程效益最大化的工程造价管理模式。全过程造价管理模式是我国工程造价管理学界在20世纪80年代提出的，这种模式以基于工程全过程的活动和活动方法所需资源消耗的降低和控制来实现工程造价管理为其主要特点。

3.全面造价管理模式

全面造价管理模式是对建设工程实行全过程、全要素、全风险、全团队的造价管理模式，即对工程建设的全部资源实施全方位的造价管理。全面造价管理模式是美国的工程造价管理学界在1978年提出的，它综合了全生命周期造价管理模式和全过程造价管理模式的思想与方法，是现代工程造价管理理论的全面集成，也是工程造价管理发展的主流趋势。

由于人类社会正面临从工业化社会向知识经济社会全面转型，信息产业的迅速发展、市场竞争加剧、不确定性提高、分配格局的较大变化、各类资源制约日趋严重等因素共同作用,工程造价管理从传统管理模式向现代管理模式的转变是必然的趋势。

二、建设工程造价管理制度

我国造价工程师的形成与造价工程师执业资格制度的建立,是我国工程造价管理制度日趋完善的重要标志,也是社会经济发展和科学技术水平的提高,导致社会分工进一步细化的必然结果。

(一)我国建设工程造价管理制度的产生与发展

我国建设工程的造价管理出现在19世纪末20世纪初,由于外国资本的侵入,一些口岸和沿海城市工程投资的规模逐步扩大,建筑市场开始形成。伴随国外工程造价管理方法和经验的逐步传入,开始采用工程建设的招标投标承包方式。尽管当时我国经济发展落后,但民族工业已获得了一定的发展,有了相应的基础。这些民族工业项目建设的增多,客观上迫切需要对工程造价进行管理,至此我国的工程造价管理开始产生。但是,由于历史条件的限制,特别是受经济发展水平的制约,此时的工程造价管理并未形成制度,只用于少数的地区和少量的工程建设。直到中华人民共和国建国初期,我国建设工程造价管理制度才初步建立起来。从发展过程来看,我国工程造价管理体制的历史大体可分为以下五个阶段:①第一阶段(1950~1957年),初步建立建设工程造价管理制度阶段。②第二阶段(1958~1966年),概、预算定额管理制度逐渐削弱阶段。③第三阶段(1966~1976年),概、预算定额管理制度遭到严重破坏阶段。④第四阶段(1976年至20世纪90年代初),建设工程造价管理制度整顿和恢复阶段。⑤第五阶段(20世纪90年代初至今),建设工程造价管理制度发展完善阶段。

(二)我国的造价工程师执业资格制度

从英国测量师、日本积算师到美国的造价工程师,其发展轨迹都证明了经济发展对一种职业的兴衰所起的决定性作用。任何一种职业及由此而产生的执业资格制度都是在发展变化的。无论是专业称谓、工作内容还是职责、操作规程和道德规范,都没有一成不变的,最终由经济发展及市场需求来决定行业规则和服务形式。

1.我国的造价工程师

（1）我国造价工程师的概念：我国的造价工程师是指由国家授予资格并准予注册后执业，专门接受某个部门或某个单位的指定、委托或聘请，负责并协助其进行工程造价的计价、定价及管理业务以维护其合法权益的一种独立设置的职业的从业人员，属于国家授权与许可执业的性质。

（2）造价工程师的特点：我国造价工程师的执业资格是履行工程造价管理岗位职责与业务的准入资格。制度规定：凡从事工程建设活动的建设、设计、施工、工程造价咨询、工程造价管理等单位和部门必须在计价评估、审查（核）、控制及管理等岗位上，配备有造价工程师执业资格的专业技术人员。造价工程师是指经全国统一考试合格，取得造价工程师执业资格证书并经注册从事建设工程造价业务活动的专业技术人员。

我国的造价工程师具有以下特点：造价工程师是指经全国统一考试合格，具有职业资格证书并通过合法注册取得注册证准予在社会上从事工程造价业务的专业人员；造价工程师是应某个部门或单位法人的指定、委托或聘请，参与工程造价的议价、定价及管理业务的专业人员，如果没有接受指定、委托或聘请，造价工程师则无权参与上述工作；造价工程师是面向社会提供工程技术、工程经济和项目管理咨询服务的专业人员，其出具的工程造价成果文件，应本着"诚实、公信"原则和符合行业操作规程规定，以维护当事人及国家和社会公众的利益；造价工程师必须在一个单位执业；两位造价工程师可以申请设立合伙制无限责任公司，五位造价工程师可以申请设立工程造价咨询有限责任公司，但是单独一位造价工程师不能申请设立从事工程造价咨询业务的企业；造价工程师出具工程造价成果文件时必须加盖执业专用章，承担由此带来的法律责任，并接受行业自律组织的监督管理；造价工程师执业资格不是终身制，造价工程师必须按照规定参加继续教育岗位培训和注册登记，继续教育不合格、违法乱纪或未按期注册的，将取消执业资格。

（3）我国造价工程师的任务和业务范围：①我国造价工程师的任务。在原建设部75号部令"总则"第一章第一条中，对我国造价工程师的任务有十分明确的规定,就是"提高建设工程造价管理水平,维护国家和社会公共利益"。对于我国造价工程师的任务,应从两个方面去理解,一方面,造价工程师受国家、单位的委托为委托方提供工程造价成果文件,在具体执行业务时,必须始终牢记"对工程造价进行合理确定和有效控制"这一宗旨,并通过自己的工作,不断提高建设工程造价管理水平;另一方面,要通过造价工程师在执业中提供的工程价格的成果文件,达到维护当事人或国家和社会公共利益的目的。②造价工程师的业务范围。需要说明,造价工程师的任务与造价工程师的业务是两个不同的概念。造价工程师要解决的问题是,通过履行国家法律赋予的造价工程师的职责来执行具体任务。而造价工程师业务所要解决的问题是造价工程师执业工作的范围问题。由此可见,造价工程师的任务必须通过造价工程师的各项业务活动来实现,而造价工程师的各项业务活动则必须为完成造价工程师的任务服务。造价工程师的职业范围包括:编制、审核建设项目的投资估算;编制、审核建设项目的经济评价;编审工程概算价、预算价、招标控制价、投标价、结算价;进行工程变更及合同价款的调整和索赔费用的计算;控制建设项目各个阶段的工程造价;鉴定工程的经济纠纷;编制确定工程造价的计价依据;与工程造价业务有关的其他事项的工作等。

在理解造价工程师的业务范围时要注意一个造价工程师只能接受一个单位的聘请,在一个单位中执业,为该单位或委托方提供造价专业服务。这里的一个单位可以是建设单位,也可以是设计院、施工单位或工程造价咨询单位,同时还须注意的是,这里规定的执业范围相当宽,并不是一位造价工程师所能完成的,对某个具体执业造价工程师而言,他的执业范围要受到单位资格的限制。也就是说,造价工程师的执业范围不得超越其所在单位的业务范围,个人执业范围必须服从单位的业务范围。

(4)我国造价工程师的素质要求和教育培养:①造价工程师的素质要求。我国造价工程师的素质要求主要包括以下四个方面:思想品德方面的素质、文化方面的素质、专业方面的素质、身体方面的素质。按照行为科学的观点作为管理人员应具有三种技能,即技术技能、人文技能和观念技能。技术技能是指能使用由经验、教育及训练上的知识、方法、技能及设备,来达到特定任务的能力。人文技能是指与人共事的能力和判断力,观念技能是指了解整个组织及自己在组织中地位的能力,使自己不仅能按本身所属的群体目标行事,而且能按整个组织的目标行事。造价工程师在实际岗位上应能独立完成建设方案、设计方案的经济比较工作项目可行性研究的投资估算、设计的概算和施工图预算、招标的标底和投标的报价、补充定额和造价指数等编制与管理工作,应能进行合同价结算和竣工决算的管理以及对造价变动规律和趋势应具有的分析预测能力。②我国造价工程师的教育培养。造价工程师的教育培养是达到造价工程师素质要求的重要基本途径之一。

2.我国造价工程师执业资格制度

(1)我国造价工程师执业资格制度的概念:我国造价工程师执业资格制度是指建设行政主管部门或其授权的行业协会依据国家法律法规制定的,规范造价工程师执业行为的系统化的规章制度及相关组织体系的总称。其内容主要包括:考试制度和资格标准;注册制度和执业范围与规程、规范体系;继续教育制度;纪律检查与行业监督制度;行业服务质量管理制度;风险管理与保险制度;造价工程师执业道德规范等。

我国的造价工程师执业资格制度属丁国家统一规划的专业技术人员执业资格制度范围。有关这一制度的政策制定、组织协调、资格考试、注册登记和监督管理工作,由原人事部和建设部共同负责,以保证国家在工程造价领域实施这一制度的力度。

(2)我国造价工程师执业资格制度的建立:我国的造价工程师执业资格制度的建立,是以中华人民共和国原人事部、建设部的《造价工程师执业资格制度暂行规定》(人发〔1996〕77号)的颁发为标志的。我国的造价工程师执业资格制度是我国工程造价管理的一项基本制度,是随着我国市场经济的发展和不断完善而建立和发展的,是为适应建设项目全过程工程造价管理的需要,加强工程造价管理专业人员执业资格的准入控制,促进工程造价管理专业人员的业务素质、市场应变能力和工程造价管理工作质量的提高,维护国家和社会的公共利益,有关部门在广大从业人员、管理机构和咨询服务单位的迫切要求下建立起来的。《造价工程师注册管理办法》的公布和推行使我国造价工程师执业资格制度的建立终告完成。

(3)我国造价工程师执业资格制度的作用和意义:①造价工程师执业资格制度的作用。我国造价工程师执业资格制度是社会主义市场经济条件下对工程造价管理人才评价的手段;是政府为保证经济有序发展,规范职业秩序而对事关社会公众利益、技术性强的关键岗位的专业实行的人员准入控制。即政府对从事工程造价管理相关专业的人员提出的独立执行业务、面向社会服务必须具备的一种资质条件。我国造价工程师执业资格制度主要解决执业水准和职业道德这两方面的问题。在社会主义市场经济体制不断完善我同正式入关及各个行业的人才市场运行机制逐步规范的情况下,造价工程师执业资格制度将发挥日益重要的作用。②造价工程师执业资格制度的意义。按照国家建立执业资格制度的总体要求,我们建立造价工程师执业资格制度的目的就是要提高建设工程造价管理的质量和水平,规范造价工程师的执业行为维护当事人或国家和社会的公众利益。因此,造价工程师执业资格制度具有以下意义:

第一,是深化工程造价管理体制改革的需要。第二,是我国加入WTO,参与国际经济交流与合作的需要。第三,是维护国家和社会公众利益的需要。第四,是加快人才培养,提高和促进工程造价专业队伍素质和业务水平的需要。①

(三)建设工程造价管理组织

建设工程造价管理组织是指为了实现建设工程造价管理目标而进行的有效组织活动以及与造价管理功能相关的有机群体。它是工程造价动态管理的组织活动过程和相对静态的造价管理部门的统一。其中也包括国家、地方、部门和企业之间在工程造价管理的权限和职责范围方面的划分。目前我国工程造价管理组织有以下三大系统。

①王东升,杨彬.工程造价管理与控制[M].徐州:中国矿业大学出版社,2010.

1.政府行政管理系统

政府在建设工程造价管理中既是宏观管理主体也是政府投资项目的微观管理主体。从宏观管理的角度,政府对工程造价管理有一个严密的组织系统,设置了多层管理机构,规定了管理权限和职责范围。现在国家建设行政主管部门下属的标准定额司是归口领导机构,它在工程造价管理工作方面承担着如下主要职责:①组织工程造价管理的有关法规、制度的制定并组织贯彻实施。②组织全国统一经济定额的制定和部管行业经济定额的制定、计划修订。③组织全国统一经济定额和部管行业经济定额的制定。④监督指导全国统一经济定额和部管行业经济定额的使用。⑤制定工程造价咨询单位的资质标准、工程造价专业技术人员执业资格并监督执行。⑥管理全国工程造价咨询单位资质工作,负责全国甲级工程造价咨询单位的资质审定。

住建部标准定额研究所在工程造价管理工作方面的主要职责是:进行工程造价管理有关法规、制度的研究工作;汇总编制全国统一经济定额和制定部管行业经济定额、修订年度计划,提出计划稿;组织全国统一经济定额和部管行业经济定额的制定和修订的具体工作,提出定额报批的审核意见;参与全国统一经济定额和部管行业经济定额的实施与监督工作等等。住建部标准定额研究所是工程造价管理的研究机构,严格地说它属于事业性质的单位,不属行政管理系统,但由于它密切配合和协助政府职能机构的工作,贯彻政府行政管理的意图,所以在这里划归政府管理系统。

省、自治区、直辖市和行业主管部的造价管理机构应在其管辖范围内行使管理职能;省辖市和地区的造价管理部门在所辖地区内行使管理职能。其职责大体与住建部的工程造价管理机构相对应。

2.企、事业机构管理系统

企、事业机构对工程造价的管理属微观管理的范畴。设计机构和工程造价咨询机构按照业主或委托方的意图,在可行性研究和规划设计阶段合理确定及有效控制建设项目的工程造价,通过限额设计等手段实现设定的造价管理目标;在招投标工作中编制标底,参加评标、议标;在项目实施阶段,通过对设计变更、工期、索赔和结算等项管理进行造价控制。设计机构和造价咨询机构通过在全过程造价管理中的业绩,赢得自己的信誉,提高市场竞争力。承包企业的工程造价管理是企业管理中的重要组成部分,设有专门的职能机构参与企业的投标决策,并通过对市场的调查研究,利用过去积累的经验,研究报价策略,提出报价;在施工过程中进行工程造价的动态管理,注意各种调价因素的发生和工程价款的结算,避免收益的流失,以促进企业盈利目标的实现。当然,承包企业在加强工程造价管理的同时还要加强企业内部的各项管理,特别要加强成本控制,以利确保企业有较高的利润回报。

3.中国建设工程造价管理协会

中国建设工程造价管理协会目前挂靠在国家建设行政主管部门。它是工程造价管理组织的第三个系统。中国建设工程造价管理协会成立于1990年7月。它的前身是1985年成立的中国工程建设概预算委员会。中国共产党的十一届三中全会后,随着我国经济建设的发展、投资规模的扩大,使工程造价管理成为投资管理的重要内容,合理、有效地使用投资资金也成为国家发展经济的迫切要求。形势的发展要求成立一个协会来协助主管部门进行工程造价的管理,这在客观上促成了中国建设工程造价管理协会的产生。

中国建设工程造价管理协会的宗旨是:坚持党的基本路线,遵守国家宪法、法律、法规和国家政策,遵守社会道德风尚,遵循国际惯例,按照社会主义市场经济的要求,组织研究工程造价行业发展和管理体制改革的理论和实际问题,不断提高工程造价专业人员的素质及工程造价管理的业务水平,为维护各方的合法权益遵守职业道德,合理确定工程造价,提高投资效益,并大力促进国际工程造价机构的交流与合作服务。

中国建设工程造价管理协会的性质是:由从事工程造价管理与工程造价咨询服务的单位及具有造价工程师注册资格的资深专家、学者自愿组成;具有社会团体法人资格的全国性社会团体;是对外代表造价工程师和工程造价咨询服务机构的行业性组织;经原建设部同意,民政部核准登记,协会属非营利性社会组织。

中国建设工程造价管理协会的业务范围主要包括:研究工程造价管理体制的改革行业发展、行业政策、市场准入制度及行为规范等理论与实践问题;研究提高政府和业主项目投资效益、科学预测和控制工程造价、促进现代化管理技术在工程造价咨询行业的运用,并向国家行政部门提供建议;接受国家行政主管部门的委托,承担工程造价咨询行业和造价工程师执业资格及职业教育等具体工作研究;提出与工程造价有关的规章制度及工程造价咨询行业的资质标准、合同范本、职业道德规范等行业标准,并推动实施;对外代表我国造价工程师组织和工程造价咨询行业与国际组织及各国同行组织建立联系与交往,签订有关协议,为会员开展国际交流与合作等对外业务服务;建立工程造价信息服务系统,编辑、出版有关工程造价方面的刊物和参考资料,组织交流和推广先进工程造价咨询经验,举办有关职业培训和国际工程造价咨询的业务研讨活动;在国内外工程造价咨询活动中,维护和增进会员的合法权益,受理相关的执业违规投诉,配合行政主管部门处理,向有关方面反映会员的建议及意见,协调解决会员和行业间的有关问题;指导各专业委员会和地方造价协会的业务工作;组织完成政府有关部门和社会各界委托的其他业务等等。

三、我国建设工程造价管理的改革

建设工程造价管理的改革是改变不适应生产力发展的生产关系的改革,是一项艰巨而又充满希望的事业。随着改革的不断深化和社会主义市场经济体制的建立,原有的一套工程造价管理体制已无法适应市场经济发展的需要,要求重新建立一套工程造价的管理体制。随着经济体制改革的深入,我国建设工程造价管理发生了很大变化。主要表现在以下几个方面。

(一)重视和加强了项目决策阶段的投资估算工作

通过加强投资估算工作,有效提高了可行性研究报告对投资控制的准确度,切实发挥其在控制建设项目总造价方面的作用。

（二）引入了竞争机制

实行工程招标投标制，深入推进工程量清单计价招投标。把竞争机制引入工程造价管理体制，打破了以行政手段分配建设任务和设计施工单位依附主管部门吃大锅饭的体制。冲破条块割裂、地区封锁，在相对平等的条件下进行招标承包，择优选承包单位，以促使这些单位改善经营管理，提高应变能力和竞争能力，降低工程造价。

（三）逐步实行工程造价的"动态管理"

提出用"动态"方法研究和管理工程造价。研究如何体现项目投资额的时间价值，要求各地区、各部门的工程造价管理机构定期公布各种设备、材料、人工、机械台班的价格指数以及各类工程造价指数。建立、健全了地区、部门以至全国的工程造价管理信息系统。

（四）实行执业资格制度，发展工程咨询业

引入国际惯例，对工程造价咨询单位进行资质管理，促进工程造价咨询业的健康发展。现行的造价工程师执业资格制度提高了工程造价管理专业人员的整体素质，使工程造价管理工作的质量不断提高。

（五）发展了工程造价管理机构

中国建设工程造价管理协会及其分支机构，在各省、自治区、直辖市及各部门普遍建立并得到长足发展。

（六）进行了工程定价方式的改革

全国从2003年7月1日开始实施《建设工程工程量清单计价规范》（GB 50500-2003），这是工程造价管理改革进入关键阶段的重要标志。要实现量、价分离，变指导价格为市场价格，变指令性的政府主管部门调控取费为指导性的取费，由企业自主报价，通过市场竞争予以定价。在很大程度上改变了工程计价的计划属性，采用企业自行制定定额与政府计划的指导性相结合的方式定价，并统一项目费用构成，统一定额项目划分，使计价基础统一，更加有利于有序的竞争。2013年7月1日开始实施《建设工程工程量清单计价规范》（GB 50500-2013），进行建设工程发承包及实施阶段的计价活动，进一步完善、深化了工程量清单计价招投标的工程计价方式改革，形成了工程计价标准体系。

（七）初步形成了较为完整的工程造价信息系统

利用现代化通信手段与计算机大存储量及高速的特点，实现信息共享，及时为企业提供材料、设备、人工价格信息及价格指数；逐步确立咨询业公正、中立的社会地位，发挥咨询业的咨询、顾问作用，让其逐渐代替政府行使建设工程造价管理的职能，同时接受政府的工程造价管理部门的管理和监督。

（八）积极研讨、试行并推广工程全过程造价管理模式

工程造价管理改革要使建设工程造价管理进入完全的市场化阶段，政府只是行使协调、监督的职能。通过健全相关的法规制度，完善工程的招投标制，规范工程承发包和勘察设计招标投标行为，建立统一、开放、有序的建筑市场体系。社会咨询机构将独立成为一个行业，公正地开展咨询业务，实施全过程的工程造价咨询服务。在建立起国家宏观调控前提下，以市场形成价格为主的价格机制，根据物价变动市场供求变化、工程质量、完成工期等因素，对工程造价依照不同承包方式实行动态管理。最终建立起与国际惯例接轨的工程造价管理体制，促进我国经济建设的发展。[①]

第三节 建设工程项目的划分与造价文件的组成

建设工程，是一种创造价值和转移价值的生产过程。建设工程造价文件是由与工程的项目划分相对应的一系列价格计算文件所组成的。本节重点介绍建设工程项目的划分与造价文件的组成。

一、建设工程项目划分

建设工程的外形庞大且千差万别，价值构成要素错综复杂、千变万化，要对建设工程进行估价和管理，必须找出便于精确计算建设工程中劳动消耗的基本构造要素，即要对建设工程做多种层次的分解，从分解

---

①宁素莹. 建设工程造价管理[M]. 北京：知识产权出版社，2014.

出的建设工程最基本的构造要素入手,进行建设工程造价的计算、确定与控制工作,这就是建设工程项目划分的目的及意义。建设工程从整体到局部,可依次分为建设项目、单项工程、单位工程、分部工程、分项工程。

(一)建设项目

建设项目,一般指具有独立的计划任务书和总体设计,经济上实行统一核算,行政上有独立组织形式的工程建设单位。在工业建设中,一般是以一个企业(或联合企业)为一建设项目;在民用建设中,一般是以一个事业单位(如一所学校、一家医院)为一建设项目;还有营业性质的建设项目,如一家宾馆、一家商场等。一个建设项目中,可以有若干个单项工程,也可能只有一个单项工程。

(二)单项工程

单项工程,是指在建设项目中,具有独立的设计文件,竣工后能够独立发挥设计规定的生产能力或效益的工程。单项工程是建设项目的组成部分。工业建设项目中的单项工程,一般是指能独立生产的各个车间、仓库或一个完整的、独立的生产系统;非工业建设项目的单项工程是指建设项目中能够发挥设计规定的主要效益的各个独立工程,如学校中的教学楼、食堂、图书馆、学生宿舍等都属单项工程。单项工程是具有独立存在意义的一个完整工程。当仅建设一个单项工程时,此单项工程为最终工程产品。单项工程仍是一个复杂的综合体,由若干单位工程组成。

(三)单位工程

单位工程,是在单项工程里具有单独的施工图纸及施工条件,可以独立组织施工,进行承发包的工程。单位工程是单项工程的组成部分,通常按照单项工程所包含的不同性质的工程内容划分为建筑工程、设备和安装工程两大类单位工程。

1.建筑单位工程

建筑单位工程可以根据其中各个组成部分的性质、作用等的不同做如下分类。

（1）一般土建工程：包括建筑物与构筑物的各种结构工程。

（2）特殊构筑物工程：包括各种设备的基础、烟囱、桥涵、隧道、水利工程等。

（3）工业管道工程：包括蒸汽、压缩空气、煤气、输油管等工程。

（4）卫生工程：包括上下水道、采暖、通风、民用煤气管道敷设工程等。

（5）电气照明工程：包括室内外照明设备安装、线路敷设、变电与配电设备的安装工程等。

2.设备及其安装单位工程

设备与安装工程有着密切联系，所以在估价上是把设备购置与其安装工程结合起来，组成设备及其安装工程进行价格计算。设备及其安装工程一般再分为机械设备、电气设备、送电线路、通信设备、通信线路、自动化控制装置和仪表、热力设备、化学工业设备等各种单位工程。

上述建筑工程、设备及其安装工程中的每一种都是一个具体的单位工程。每一个单位工程仍然是一个较大的组成部分，它本身仍由许多的结构和更小的部分组成，所以，对单位工程还需要做进一步的分解。

（四）分部工程

分部工程是按工程部位、结构、设备种类和型号、使用的材料和工种等因素的不同，对单位工程所做的再划分，是单位工程的组成部分。如一般土建工程的房屋建筑，按其结构可分为基础、地面、墙壁、楼板、门窗、屋面、装修等许多部分，每一具体部分都是由不同工种的工人利用不同的工具和材料完成的，在确定工程造价时，为了计价方便，需要照顾到不同的工种和不同的材料结构。因此，一般土建工程大致可以划分为以下几部分：土石方工程、桩基础工程、砌筑工程、混凝土及钢筋混凝土工程、木结构工程、金属结构工程、混凝土及钢结构安装和运输工程、楼地面工程、屋面工程、耐酸防腐工程、装饰工程、构筑物工程等。其中的每一部分，称为分部工程。

在分部工程中仍然有很多影响工料消耗大小的因素。例如：同样都是土方工程，由于土壤分为普通土、坚土、沙砾坚土等不同类别，挖土的深度不同,施工的方法不同,则完成一定计量单位的土方工程需消耗的工料差别很大。所以,还必须把分部工程按不同的施工方法、不同的材料、不同的规格等,做进一步的细分。

(五)分项工程

分项工程,是根据工程的不同结构、不同规格、不同材料、不同施工方法等因素,对分部工程所做的细划分,是以适当计量单位表示的建筑安装工程假定的单位合格产品,它是分部工程的组成部分。分项工程是建筑或安装工程的一种基本的构成要素,是简单的施工过程就能完成的工程内容。它作为工程估价工作中一个基本的计量单元,是工料实物消耗定额编制的对象。一般而言,分项工程没有独立存在的意义,只是建筑安装工程计价所需的一种"假定产品"。如砌筑工程中的"砖基础"、混凝土及钢筋混凝土工程中的"现浇钢筋混凝土矩形梁"等。

综上所述,分项工程是建筑安装工程的基本构造要素,是计算建设工程造价最基本的计算单位,是我们对建设工程进行项目划分的最终目标。[1]

二、建设工程造价文件

根据上述建设工程项目的划分及建设工程设计阶段划分的要求,建设工程造价文件主要包括:单位工程造价文件、工程建设其他费用文件、单项工程综合造价文件、建设项目单造价文件等。

(一)单位工程造价文件

单位工程造价文件是计算各类建筑安装单位工程所需固定资产投资额的文件。单位工程造价是各种建筑、安装单位工程价值的货币表现。按工程专业性质可分为建筑单位工程造价附属建筑工程的安装工程造价、设备及其安装工程造价等几种类型。单位工程造价亦即建筑安装工程费计算的是单位建筑、安装工程的成本与盈利。单位工程造价文件一般根据施工图设计阶段的设计内容、相关的工程计价标准和依据进行编制,是建设工程造价文件中最重要、最基本的文件。

---

①许焕兴. 工程造价[M]. 大连:东北财经大学出版社,2011.

（二）工程建设其他费用文件

工程建设其他费用文件是计算确定未包括在单位工程造价之内，但与整个建设工程密切相关的各项费用的文件。目前，主要包括固定资产其他费用（建设管理费、可行性研究费、研究试验费、勘察设计费等）、无形资产费用（建设用地费、专利及专有技术使用费等）、其他资产费用（生产准备及开办费）等三大部分费用内容。建设工程其他费用计算的是除建筑安装工程费，设备、工器具购置费以外的，与整个建设工程的实施相关的其他一切工作所需的投资额。工程建设其他费用文件一般应根据拟建工程的实际情况，按照国家建设行政主管部门规定的计算标准、计算方法、计算程序和费用项目的内容等进行编制。工程建设其他费用计算确定之后，应根据建设工程建设过程中的具体情况分别列入建设项目总造价中（建设项目有若干单项工程时），或列入单项工程综合造价内（仅一个单项工程时）。

（三）单项工程综合造价文件

单项工程综合造价文件是确定某一单项工程所需固定资产投资额的综合文件。单项工程综合造价是各个单项工程价值的货币表现。它计算的是各单项工程所需的固定资产投资额。单项工程综合造价文件通常是根据单项工程所包含的各单位工程造价文件综合汇编而成的（有若干单项工程时），如果仅有一个单项工程时，则需根据单项工程所包含的各单位工程造价文件及建设工程其他费用文件进行编制。

（四）建设项目总造价文件

建设项目总造价文件是确定某一建设项目从筹建到竣工验收所需的全部费用的总文件。建设项目总造价计算的建设费用，即一个建设项目的固定资产投资总额，是建设项目价值的货币表现。建设项目总造价文件一般是汇总建设项目所含的全部单项工程造价文件及建设工程其他费用文件、考虑预备费和回收金额进行编制的。

以上建设工程造价文件是根据建设工程分部组合计价的特点，从项目划分的角度介绍的。需说明的是，无论建设项目、单项工程还是单位工程，都需进行多次性估价，即都应编制相应的投资估算价、设计概算价、施工图预算价、招标控制价、投标价、签约合同价、工程期中结算价以及工程竣工结算价等造价文件。

第四节 现行工程造价咨询制度

我国工程造价管理从无到有、从弱到强，目前，全国注册造价工程师已逾10万人。工程造价咨询业仍处在发展之中，只有通过总结过去，分析现状，借鉴国外成功的经验与做法，才能明确未来的工作目标，抓住工作重点，探索并建立具有中国特色的工程造价管理体系。

一、工程造价咨询业

所谓咨询，是指利用科学技术和管理人才已有的专门知识技能和经验，根据政府、企业以至个人的委托要求，提供解决有关决策、技术和管理等方面问题的优化方案的智力服务活动过程。它以智力劳动为特点，以特定问题为目标，以委托人为服务对象，按合同规定条件进行有偿的经营活动。

（一）工程造价咨询

工程造价咨询是指面向社会接受委托、承担建设项目的可行性研究，投资估算，项目经济评价，工程概算、预算、结算、竣工决算及招标控制价、投标报价的编制和审核，对工程造价进行监控以及提供有关工程造价信息资料等业务工作。

（二）我国工程造价咨询业概述

咨询业已成为我国科技与经济结合的纽带、科技转化为生产力的桥梁。从事建设工程造价咨询活动的主体为造价工程师、造价员、工程造价咨询人。《建设工程工程量清单计价规范》（GB 50500-2008）对此做了界定：造价工程师是指取得"造价工程师注册证书"，在一个单位注册从事建设工程造价活动的专业人员；造价员是指取得"全国建设工程造价员资格证书"，在一个单位注册从事建设工程造价活动的专业人员；工程造价咨询人是指取得工程造价咨询资质等级证书,接受委托从事建设工程造价活动的企业。①

我国建设工程造价咨询的发展历程,可以从相关法规文件的颁发来说明。

1996年,国家人事部与原国家建设部联合发文,明确规定在工程造价领域实施造价工程师执业资格制度。2000年1月,原国家建设部以部令第75号文颁发了《造价工程师注册管理办法》。2006年12月重新颁发了《注册造价工程师管理办法》(第150号),同时废止了第75号文。同年,中国建设工程造价管理协会印发了《全国建设工程造价员管理暂行办法》的通知,使建设工程概预算人员行业自律工作由中国建设工程造价管理协会归口管理。

2006年3月,原国家建设部以部令第149号文颁发了《工程造价咨询企业管理办法》,自2006年7月1日起施行,同时废止了2000年1月原国家建设部发布的《工程造价咨询单位管理办法》(建设部令第74号)。工程造价咨询业经历了"脱钩改制"的过程,原国家建设部于2000年按照国务院办公厅《关于经济鉴证类社会中介机构与政府部门实行脱钩改制的意见》精神,改制为主要由造价工程师执业资格的人员出资的合伙制或有限责任制公司。工程造价咨询机构的脱钩改制,解除了工程造价咨询机构与政府部门的行政管理关系,初步建立起工程造价咨询机构自主经营、自担风险、自我约束、自我发展、平等竞争的新秩序。

二、造价工程师、造价员及其执业资格

在我国,造价工程师是经全国造价工程师执业资格统一考试合格,并注册取得中华人民共和国造价工程师注册证书和执业印章,从事建设工程造价活动的专业人员。造价员也实行全国建设工程造价员资格证书制度。

(一)造价工程师的素质要求

造价工程师的工作关系到国家和社会公众利益,我国对造价工程师

---

①裘新谷,徐升雁,竹隰生等. 市场经济条件下工程造价改革构想[M]. 重庆:重庆大学出版社,2015.

的素质有特殊要求,包括思想品德方面的素质、专业方面的素质和身体方面的素质等。其中专业方面的素质集中表现在以专业知识和技能为基础的工程造价管理方面的实际工作能力。其专业素质体现在以下几个方面。

1.造价工程师应是复合型的专业管理人才

作为建设领域工程造价的管理者,造价工程师应是具备工程、经济和管理知识与实践经验的高素质复合型专业人才。

2.造价工程师应具备技术技能

技术技能是指能使用由经验、教育、训练上的知识、方法、技能及设备,来达到特定任务能力的技能。造价工程师应掌握与建筑经济管理相关的金融投资及相关法律、法规和政策,工程造价管理理论及相关计价依据的应用,工业与建筑施工技术知识,信息化管理的知识等。同时,在实际工作中应能运用以上知识与技能,解决诸如方案的经济比选;编制投资估算、设计概算和施工图预算;编制招标控制价和投标报价;编制补充定额和造价指数;进行合同价结算和竣工决算,并对项目造价变动规律和趋势进行分析和预测。

3.造价工程师应具备人文技能

人文技能是指与人共事的能力。造价工程师应具有高度的责任心与协作精神,善于与业务有关的各方面人员沟通、协作,共同完成对项目目标的造价控制与管理。

4.造价工程师应具备观念技能

观念技能是指了解整个组织及自己在组织中地位的能力,使自己不仅能按本身所属的群体目标行事,而且能按整个组织的目标行事。造价工程师应有一定的组织管理能力,同时具有面对各种机遇与挑战积极进取、勇于开拓的精神。

(二)造价工程师的职业道德与法律责任

1.造价工程师的职业道德

为了规范造价工程师的职业道德行为,提高行业信誉,中国建设工程造价管理协会在2002年正式颁布了《造价工程师职业道德行为准则》,有关要求如下：①遵守国家法律、法规和政策，执行行业自律性规定，珍惜职业声誉，自觉维护国家和社会公共利益。②遵守"诚信、公正、精业、进取"的原则，以高质量的服务和优秀的业绩，赢得社会和客户对造价工程师职业的尊重。③勤奋工作，独立、客观、公正、正确地出具工程造价成果文件，使客户满意。④诚实守信，尽职尽责，不得有欺诈、伪造、作假等行为。⑤尊重同行，公平竞争，搞好同行之间的关系，不得采取不正当的手段损害、侵犯同行的权益。⑥廉洁自律，不得索取、收受委托合同约定以外的礼金和其他财物，不得利用职务之便谋取其他不正当的利益。⑦造价工程师与委托方有利害关系的应当回避，委托方有权要求其回避。⑧知悉客户的技术和商务秘密，负有保密义务。⑨接受国家和行业自律组织对其职业道德行为的监督检查。

2.法律责任

法律责任主要涉及对擅自从事造价业务的处罚、对注册违规的处罚以及对执业活动违规的处罚。如对擅自从事造价业务的处罚是指未经注册，以注册造价工程师的名义从事工程造价业务活动的，所签署的工程造价成果文件无效，并将受到相应的处罚；如对注册违规的处罚，包括隐瞒有关情况或者提供虚假材料申请造价工程师注册的，聘用单位为申请人提供虚假注册材料的，以欺骗、贿赂等不正当手段取得造价工程师注册的，未按照规定办理变更注册仍继续执业的，分别给予相应的处罚。而对于对执业活动违规的处罚，有如下几个方面：不履行注册造价工程师义务，在执业过程中索贿、受贿或者谋取合同约定费用外的其他利益，在执业过程中实施商业贿赂，签署有虚假记载、误导性陈述的工程造价成果文件，以个人名义承接工程造价业务，允许他人以自己名义从事工程造价业务，同时在两个或者两个以上单位执业，涂改、倒卖、出租、出借或者以其他形式非法转让注册证书或者执业印章，以及法律、法规、规章禁止的其他行为。

（三）造价工程师的执业资格考试与教育培养

1.考试

工程造价人员通过资格考试取得执业资格。获得造价工程师资格证书的人员,表明已具备造价工程师的水平和能力,其证书作为依法从事建设工程造价业务的依据。

(1)报考条件:凡中华人民共和国公民,符合一定的学历要求和专业年限的,均可申请参加造价工程师执业资格考试。工程造价专业大专毕业后,从事工程造价业务工作满5年;工程或工程经济类大专毕业后,从事工程造价业务工作满6年;工程造价专业本科毕业后,从事工程造价业务工作满4年;工程或工程经济类本科毕业后,从事工程造价业务工作满5年。获得上述专业第二学士学位或研究生班毕业和获硕士学位后从事工程造价业务工作满3年。获得上述专业博士学位后,从事工程造价业务工作满2年。

(2)考试科目:造价工程师应该是既懂工程技术又懂经济、管理和法律,并具有实践经验和良好的职业道德的复合型人才。造价工程师的考试分为四个科目:工程造价管理基础理论与相关法规,主要内容包括投资经济理论、经济法与合同管理、项目管理等;工程造价计价与控制,除掌握造价基本概念外,主要体现全过程造价确定与控制思想以及对工程造价管理信息系统的了解;建设工程技术与计量(分土建和安装两个专业),要求掌握各专业基本技术知识与计量经验;工程造价案例分析,要求能计算、审查专业单位工程量计算,具备编制和审查专业工程投资估算,概、预算,招标控制价,结(决)算,投标报价的评价分析以及方案技术经济分析,编制补充定额的技能。

造价工程师执业资格考试按科目分别单独进行、单项计分,但参考人员须在连续的两个考试年度内通过。

(3)证书的取得:通过造价工程师执业资格考试的合格者,由省、自治区、直辖市人事(职改)部门颁发由国家人事部、住房和城乡建设部统一用印的"造价工程师执业资格证书",该证书作为持证者注册的凭证,按规定经注册后其资格在全国范围内有效。

2.教育

教育方式主要有两类:一是普通高校和高等职业技术学校的系统教育,也称为职前教育;二是专业继续教育,也称为职后教育,其中继续教育按中国建设工程造价管理协会2007年修订的《注册造价工程师继续教育实施暂行办法》执行,即在一个注册有效期(4年)内,共完成60学时的必修课和选修课的学习,其内容主要是与工程造价有关的方针政策、法律法规和标准规范,工程造价的新理论、新方法、新技术等。

(四)造价工程师的注册与执业

国务院建设主管部门作为造价工程师的注册机关,负责对全国注册造价工程师的注册、执业活动实施统一的监督管理工作。各省、自治区、直辖市人民政府建设主管部门(国务院有关专业部门)作为注册造价工程师的初审机关,负责对其行政区域(专业部门)内注册造价工程师的注册、执业活动实施监督管理。

1.注册

注册分初始注册、变更注册、延续注册、撤销注册及注销注册,其中初始注册的条件为:取得造价工程师的执业资格;受聘于一个工程造价咨询企业或工程建设的建设、勘察设计、施工、招标代理、工程监理、工程造价管理等单位。申请者按规定的时限与程序,提交相应的材料即可注册。

2.执业

(1)注册造价工程师的业务范围:建设项目建议书、可行性研究投资估算的编制和审核,项目经济评价,工程概算、预算、结算及竣工结(决)算的编制和审核;工程量清单、招标控制价、投标报价的编制和审核,工程合同价款的签订及变更、调整,工程款支付与工程索赔费用的计算;建设项目管理过程中设计方案的优化、限额设计等工程造价分析与控制,工程保险理赔的核查;工程经济纠纷的鉴定。

(2)注册造价工程师的权利:使用注册造价工程师名称;依法独立执行工程造价业务;在本人执业活动中形成的工程造价成果文件上签字并加盖执业印章;发起设立工程造价咨询企业;保管和使用本人的注册证书和执业印章;参加继续教育。

(3)注册造价工程师的义务:遵守法律、法规和有关管理规定,恪守职业道德;保证执业活动成果的质量;接受继续教育,提高执业水平;执行工程造价计价标准和计价方法;与当事人有利害关系的,应当主动回避;保守在执业中知悉的国家秘密和他人的商业、技术秘密。注册造价工程师应当在本人承担的工程造价成果文件上签字并盖章。修改经注册造价工程师签字盖章的工程造价成果文件,应当由签字盖章的注册造价工程师本人进行,注册造价工程师本人因特殊情况不能进行修改的,应当由其他注册造价工程师修改,并签字盖章,修改工程造价成果文件的注册造价工程师对修改部分承担相应的法律责任。

(五)造价员

建设工程造价员(简称造价员)是指通过考试,取得"全国建设工程造价员资格证书"并从事工程造价业务的人员。造价员资格考试实行全国统一考试大纲、通用专业和考试科目,各地区造价管理协会或归口管理机构负责组织命题和考试。其中通用专业分为土建工程和安装工程,考试科目为工程造价基础知识、土建工程或安装工程(可任选一门)。《全国建设工程造价员资格考试大纲》和《工程造价基础知识》考试教材由"中价协"负责组织编写,各管理机构按考试大纲要求编制土建工程、安装工程及其他专业科目考试教材,并负责组织命题、考试、阅卷、确定考试合格标准、颁发资格证书、制作专用章等工作。

三、工程造价咨询人资质及管理

为了加强对建设工程造价咨询人(原称工程造价咨询企业)的管理,提高工程造价咨询工作质量,维护建设市场秩序和社会公共利益,原国家建设部以部令第149号颁发了《工程造价咨询企业管理办法》(以下简称《办法》),自2006年7月1日起施行。

工程造价咨询人,是指接受委托,对建设项目投资、工程造价的确定与控制提供专业咨询服务的企业。工程造价咨询人应当依法取得工程造价咨询企业资质,并在其资质等级许可的范围内从事工程造价咨询活动。且应当遵循独立、客观、公正、诚实信用的原则,不得损害社会公共利益和他人的合法权益。任何单位和个人不得非法干预依法进行的工程造价咨询活动。

（一）资质等级与标准

工程造价咨询企业资质等级分为甲级、乙级两级。其中，甲级工程造价咨询企业资质标准如下：①已取得乙级工程造价咨询企业资质证书满3年。②企业出资人中，注册造价工程师人数不低于出资人总人数的60%，且其出资额不低于企业注册资本总额的60%。③技术负责人已取得造价工程师注册证书，并具有工程或工程经济类高级专业技术职称，且从事工程造价专业工作15年以上。④专职从事工程造价专业工作的人员（以下简称专职专业人员）不少于20人，其中，具有工程或者工程经济类中级以上专业技术职称的人员不少于16人，取得造价工程师注册证书的人员不少于10人，其他人员具有从事工程造价专业工作的经历。⑤企业与专职专业人员签订劳动合同，且专职专业人员符合国家规定的职业年龄（出资人除外）。⑥专职专业人员人事档案关系由国家认可的人事代理机构代为管理。⑦企业注册资本不少于人民币100万元。⑧企业近3年工程造价咨询营业收入累计不低于人民币500万元。⑨具有固定的办公场所，人均办公建筑面积不少于10平方米。⑩技术档案管理制度、质量控制制度、财务管理制度齐全。⑪企业为本单位专职专业人员办理的社会基本养老保险手续齐全。⑫相关禁止的行为。

乙级工程造价咨询企业资质标准与甲级相比，有关标准有所区别，如专职专业人员不少于12人，其中，具有工程或者工程经济类中级以上专业技术职称的人员不少于8人，取得造价工程师注册证书的人员不少于6人，其他人员具有从事工程造价专业工作的经历。暂定期内工程造价咨询营业收入累计不低于人民币50万元等。

（二）资质许可

申请甲级工程造价咨询企业资质的，应当向申请人工商注册所在地省、自治区、直辖市人民政府建设主管部门或者国务院有关专业部门提出申请。申请乙级工程造价咨询企业资质的，由省、自治区、直辖市人民政府建设主管部门审查决定（其中，申请有关专业乙级工程造价咨询企业资质的，由省、自治区、直辖市人民政府建设主管部门商同级有关专业部门审查决定）。

1.工程造价咨询企业资质申请材料

申请工程造价咨询企业资质,应当提交下列材料并同时在网上申报:

工程造价咨询企业资质等级申请书。

专职专业人员(含技术负责人)的造价工程师注册证书、造价员资格证书、专业技术职称证书和身份证。

专职专业人员(含技术负责人)的人事代理合同和企业为其交纳的本年度社会基本养老保险费用的凭证。

企业章程、股东出资协议并附工商部门出具的股东出资情况证明。

企业缴纳营业收入的营业税发票或税务部门出具的缴纳工程造价咨询营业收入的营业税完税证明;企业营业收入含其他业务收入的,还需出具工程造价咨询营业收入的财务审计报告。

工程造价咨询企业资质证书。

企业营业执照。

固定办公场所的租赁合同或产权证明。

有关企业技术档案管理、质量控制、财务管理等制度的文件。

法律、法规规定的其他材料。

2.资质许可的有关规定

工程造价咨询企业资质证书由国务院建设主管部门统一印制,分正本和副本。正本和副本具有同等法律效力。对于新申请工程造价咨询企业资质的,其资质等级按乙级工程造价咨询企业资质标准核定,设暂定期一年。暂定期届满30日前,可向资质许可机关申请换发资质证书。工程造价咨询企业资质有效期为3年。有效期届满30日前可提出资质延续申请,资质有效期延续3年。

工程造价咨询企业的名称、住所、组织形式、法定代表人、技术负责人、注册资本等事项发生变更的,应当自变更确立之日起30日内,到资质许可机关办理资质证书变更手续。工程造价咨询企业合并或分立的,合并后存续或者新设立的工程造价咨询企业可以承继合并前各方中较高的资质等级,但应当符合相应的资质等级条件;分立后只能由一方承继原工程造价咨询企业资质,但应当符合原工程造价咨询企业资质等级条件。

(三)工程造价咨询管理

工程造价咨询企业依法从事工程造价咨询活动,不受行政区域限制。甲级工程造价咨询企业可以从事各类建设项目的工程造价咨询业务。乙级工程造价咨询企业可以从事工程造价5000万元人民币以下的各类建设项目的工程造价咨询业务。

1.工程造价咨询业务范围

建设项目建议书及可行性研究投资估算、项目经济评价报告的编制和审核、建设项目概预算的编制与审核,并配合设计方案比选、优化设计、限额设计等工作进行工程造价分析与控制;建设项目合同价款的确定(包括招标工程工程量清单和招标控制价、投标报价的编制和审核),合同价款的签订与调整(包括工程变更、工程洽商和索赔费用的计算)及工程款支付,工程结算及竣工结(决)算报告的编制与审核等;工程造价经济纠纷的鉴定和仲裁的咨询;提供工程造价信息服务等。

工程造价咨询企业可以对建设项目的组织实施进行全过程或者若干阶段的管理和服务。工程造价咨询企业在承接各类建设项目的工程造价咨询业务时,应当与委托人订立书面工程造价咨询合同。工程造价咨询企业与委托人可以参照《建设工程造价咨询合同》(示范文本)订立合同。工程造价咨询企业从事工程造价咨询业务,应当按照有关规定的要求出具工程造价成果文件。工程造价成果文件应当由工程造价咨询企业加盖有企业名称、资质等级及证书编号的执业印章,并由执行咨询业务的注册造价工程师签字、加盖执业印章。工程造价咨询收费应当按照有关规定,由当事人在建设工程造价咨询合同中约定。

2.工程造价咨询企业不得有下列行为

涂改、倒卖、出租、出借资质证书,或者以其他形式非法转让资质证书;超越资质等级业务范围承接工程造价咨询业务;同时接受招标人和投标人或两个以上投标人对同一工程项目的工程造价咨询业务;以给予回扣、恶意压低收费等方式进行不正当竞争;转包承接的工程造价咨询业务;法律、法规禁止的其他行为。

除法律、法规另有规定外,未经委托人书面同意,工程造价咨询企业不得对外提供工程造价咨询服务过程中获知的当事人的商业秘密和业务资料。

3.可以撤销工程造价咨询企业资质的情形

资质许可机关工作人员滥用职权、玩忽职守作出准予工程造价咨询企业资质许可的;超越法定职权作出准予工程造价咨询企业资质许可的;违反法定程序作出准予工程造价咨询企业资质许可的;对不具备行政许可条件的申请人作出准予工程造价咨询企业资质许可的;依法可以撤销工程造价咨询企业资质的其他情形。

工程造价咨询企业以欺骗、贿赂等不正当手段取得工程造价咨询企业资质的,应当予以撤销。工程造价咨询企业取得工程造价咨询企业资质后,不再符合相应资质条件的,资质许可机关根据利害关系人的请求或者依据职权,可以责令其限期改正,逾期不改的,可以撤回其资质。

4.注销工程造价咨询企业资质的情形

工程造价咨询企业资质有效期满,未申请延续的;工程造价咨询企业资质被撤销、撤回的;工程造价咨询企业依法终止的;法律、法规规定的应当注销工程造价咨询企业资质的其他情形。

5.信用档案信息

工程造价咨询企业应当按照有关规定,向资质许可机关提供真实、准确、完整的工程造价咨询企业信用档案信息。工程造价咨询企业信用档案应当包括工程造价咨询企业的基本情况、业绩、良好行为、不良行为等内容。违法行为、被投诉举报处理、行政处罚等情况应当作为工程造价咨询企业的不良记录记入其信用档案。任何单位和个人有权查阅信用档案。

第五节 国内外工程造价管理沿革及发展趋势

建设项目工程造价管理是随着时代的发展、社会的进步和管理科学的不断拓展而逐渐进步和展开的。最初的工程造价管理始于人们对房屋建造成本的管理,后经历了阶段管理和静态管理。目前,建设项目工程造价管理已进入全过程造价管理阶段。

一、我国工程造价管理现状及发展

我国工程造价管理早在唐代就有记载,但发展缓慢,建国初期沿用当时苏联的基本建设概预算定额管理制度,其特点是"三性一静",即定额的统一性、综合性、指令性及工、料、机价格为静态,其特点为国家定价。随着改革开放和市场经济的建立,工程造价管理又经历了国家指导价阶段。工程量清单计价规范颁发后至今,工程造价管理处于国家调控价阶段。

(一)历史沿革及现状

1.历史沿革

我国工程造价管理从发展过程看,机构组成与计价体系的变迁大体上可做如下划分。

1950～1957年,与计划经济相适应的概预算定额制度建立时期。中华人民共和国成立后,全国面临着大规模的恢复重建工作,特别是实施第一个五年计划后,为合理确定工程造价,用好有限的基本建设资金,引进了当时苏联的概预算定额管理制度,同时也为新组建的国营建筑施工企业建立了企业管理制度。在此期间先后颁发了《关于编制工业与民用建设预算的若干规定》《基本建设工程设计和预算文件审核批准暂行办法》《工业与民用建设设计及预算编制暂行办法》《工业与民用建设预算编制暂行细则》等文件。作为管理组织,国家先后成立了标准定额局(处)以及建筑经济局,同时,各地分支定额管理机构也相继成立。

1958～1965年,概预算定额管理逐渐被削弱阶段。在中央放权的背景下,概预算与定额管理权限也全部下放,造成后来全国工程量计量规则和定额项目在各地区不统一的现象。各级基建管理机构的概预算部门被精简,设计单位概预算人员减少,概预算控制投资作用被削弱。

1966～1976年,概预算定额管理工作遭严重破坏阶段。概预算和定额管理机构被撤销,预算人员改行,大量基础资料被销毁,造成设计无概算、施工无预算、竣工无决算的后果。1967年,建工部直属企业实行经常费制度。工程完工后向建设单位实报实销,从而使施工企业变成了行政事业单位。这一制度于1973年1月1日被迫停止,恢复建设单位与施工单位施工图预算结算制度。但1973年制定的《关于基本建设概算管理办法》并未施行。

1977年至20世纪90年代初,造价管理工作整顿和发展阶段。从1977年起,国家恢复重建造价管理机构,至1983年8月成立了基本建设标准定额局,组织制定了工程建设概预算定额、费用标准及工作制度,概预算定额统一归口。1988年划归建设部,成立标准定额司,各省市、各部委建立了定额管理站,全国颁布一系列推动概预算管理和定额管理发展的文件,并颁布了几十项预算定额、概算定额、估算指标。1990年成立了中国建设工程造价管理协会,从而为工程造价管理改革以及对推动建筑业改革起到了促进作用。

从20世纪90年代初至2002年,随着我国经济发展水平的提高和经济结构的调整,计划经济的内在弊端逐步暴露出来,传统的概预算定额管理实际上是用来对工程造价实行行政指令的直接管理,遏制了竞争,抑制了生产者和经营者的积极性与创造性。于是在计价方面,首次提出了"量""价"分离,将定额的法定性改为指导性作用,同时提出了"控制量、指导价、竞争费"的改革思路。

2003年颁发了国家标准《建设工程工程量清单计价规范》(GB 50500-2003)。该规范的颁布实施,为最终建立起由政府宏观调控、市场有序竞争而形成工程造价的新机制奠定了基础。2008年,原国家建设部又在总结经验的基础上,通过进一步完善与补充,重新颁发了《建设工程工程量清单计价规范》(GB 50500-2008)。

2.工程造价管理改革历程

改革开放后,工程造价改革日益深入。1980年,原国家计委、建委下发了《关于扩大国营企业经营管理自主权有关问题暂行规定》,恢复了法定利润按工程成本的2.5%计取,同时国营施工企业按承包工程预算成本提取3%的技术装备费,从而启动了建筑产品商品化的进程,使工程价格具有体现价值的价格雏形。1984年《建设工程招标投标暂行规定》的出台,在建筑市场上引入了竞争机制,从而结束了工程价格由政府定价的历史。1986年,原国家计委在《关于建筑安装工程间接费定额制定修订工作的几点意见》中提出"间接费定额的水平按社会必要劳动量确定",从而反映了定额编制工作由"平均先进"改为以价值量为编制原则的政策导向。随后,推行了一系列量、价分离,工程实体消耗与施工措施性消耗区分以及实施动态管理等举措,使工程价格水平向实际价值方向回归。

在体制改革与机构职能转换以及人员培养方面也发生了重大突破。省市原定额站改为工程造价管理机构,成立了独立的中介机构,从政府行为转换为市场行为。对从事工程造价管理的个人实行岗位准入和资格认证。1997年4月,原国家建设部颁发了《造价工程师执业资格考试大纲》,根据《造价工程师执业资格认定办法》认定了首批造价工程师,进行了造价工程师执业资格试点考试。1998年10月首次在全国进行了造价工程师执业资格考试,同年批准公布了首批甲级工程造价咨询单位。2000年起,造价工程师执业资格考试每年10月举行一次。其间,先后颁发了关于造价工程师注册管理办法与工程造价咨询单位管理办法的文件规定,随着时间的推移与市场条件的变化,又分别对上述文件规定做了修改。

(二)工程造价管理体制分析及改革的主要任务

1.工程造价管理体制分析

从我国工程造价管理的改革可以看出,以往的工程造价既不反映建筑产品的价值,也不反映建设领域的供求关系,主要表现为如下几个方面。

(1)未能把建筑产品作为商品,因而工程造价的构成没有体现社会必要劳动消耗,工程造价水平没有体现社会必要劳动水平。

(2)由于以办理工程价款结算为主要目的,因而注重工程建设实施阶段,特别是施工阶段的工程造价管理,忽视了设计阶段,没能在设计阶段通过工程造价管理影响设计,优化设计,未能有效地控制工程造价。

(3)投资估算、设计概算、施工图预算、承包合同价、工程结算价、竣工决算分别由建设单位及其主管部门、设计单位和施工企业管理,"阶段割裂、各管一段",互相脱节,没有一个完整的控制系统。

(4)工程造价管理体制过于集中,使工程造价长期偏离价值,不能体现供求关系,没有建立起一套有效的工程造价控制制度。投资主管部门、建设单位、设计单位、施工企业对工程造价的控制缺乏自我约束和互相约束的能力。特别是处于前位的投资决策阶段和设计阶段的工程造价控制处于最薄弱的环节。

2.工程造价管理改革的主要任务与目标

(1)建立健全工程造价管理计价依据,创造适应社会主义市场经济的价格机制:完善定额体系,加强对估算指标、概算定额、预算定额等消耗量标准及费用定额的编制工作,跟踪新技术、新工艺、新材料、新结构的出现以及市场价格浮动的实际,适时加以动态调整,使之专业覆盖完整、功能齐全完备、使用方便简捷。建筑产品的价格遵循价值规律,由社会权威机构定期测算并发布各项影响工程造价的指数,接受政府的宏观调控,逐步形成利益共享、平等竞争、优胜劣汰、由企业自主定价的价格机制。

(2)健全法规体系,实行法制化、规范化管理:按市场经济与法制经济的特点和规律,在已颁发《建筑法》《合同法》《招标投标法》的基础上完善法规及细则,把"工程造价管理"的相关法律条文的精神落实到实践中,通过法规来规范建设各方的行为。将"法治手段"作为造价管理的突破口,既管建设行为主体又管建设活动各环节。对于前者,特别是政府投资项目的业主,既要杜绝业主搞"钓鱼工程"伸手向上要投资,又要避免转移经费缺口矛盾而压价或强要承包商"垫支",消除承建企业偷工减料、高估冒算。对于后者,既要把规范招标投标、严格合同管理作为造价管理的重点环节,也要加强对估价、计价、定价、审价等各环节的管理。

(3)健全工程造价管理机构,充分发挥引导、管理、监督、服务职能。构建以政府工程造价主管部门为核心的决策层、以工程造价管理协会为主的智能层、以工程造价中介机构组成的运作层,分别实施政策指导、宏观调控、信息服务、监督检查、客观计价、公正"裁判"。各机构要明确职能定位,增强服务意识,逐步形成从直接管理到间接管理、从行政管理到法规管理、从事后管理到全程管理,在管理中实施公正监督,体现诚信服务。

(4)严格工程造价管理人员的资格准入与考核认证,加强培训提高人员素质。工程造价管理涉及技术、经济、法规及管理理论知识,要求从业人员既要有过硬的业务能力,又要有很强的敬业责任心,还要有高尚的职业道德,在实践中要钻研业务、遵纪守法、恪尽职守。如在招投标中坚持客观公正,在"裁决"中确保公平合理,自觉维护本行业的权威性。

(5)建立并完善工程造价管理信息系统,运用先进手段实施高效的动态管理。

总之,建设工程造价管理的目标,是实现工程造价管理"定价"市场化、工程造价咨询服务社会化、工程造价管理模式科学化、工程造价管理过程规范化、工程造价管理手段信息化。

二、发达国家与地区工程造价管理及其特点

由于社会化大生产的发展,使共同劳动的规模日益扩大,劳动分工与协作既精细又复杂,出于对工程建设消耗的测量与估价,资本主义国家在16世纪便产生了工程造价管理。这里主要介绍有关国际造价管理组织和部分国家与地区工程造价管理的特点及可供借鉴的经验。

(一)发达国家与地区工程造价管理

1.国际造价工程师联合会

国际造价工程师联合会(International Cost Engineering Council,简称ICEC),是一个旨在推动国际造价工程活动和发展的协调组织,为各国造价工程协会的利益而促进相互间的合作,其会员组织通过代表来管理ICEC的活动。目前,ICEC共有四个区域性的分会,第一、二、三、四区域分别为南北美洲、欧洲和近东、非洲、亚太地区。ICEC除每两年举行一次全体代表大会外,还定期举行区域性的会议。ICEC的职责是促进团体会员之间的交流和在世界范围内推进造价工程专业的发展。它能够从造价工程的当前和未来需要出发,在教育、培训、认证、术语、协会或学会以及其他方面做些工作。ICEC作为一个世界性的组织,不可能在所有问题

上达成完全一致的意见,但它能就各团体会员共同关心的问题按统一的基调发表意见,树立公众认可、名副其实、颇具效力的专业形象。

中国建设工程造价管理协会于1996年5月曾派代表参加ICEC第四地区专业会议,于2007年正式加入ICEC,并第一次以正式会员的身份出席了ICEC理事会。2008年6月派出代表团出席了2008年国际造价工程师联合会——造价管理、项目管理和工料测量国际大会。通过参加ICEC国际会议及交流活动,增进了"中价协"与其他ICEC成员之间的友谊和了解,同时也为中国造价行业管理机构及咨询企业了解及参与国际市场竞争搭建了交流平台。

2.美、英、法工程造价管理

(1)美国工程造价管理。美国是一个市场经济十分发达的国家,设有工程造价协会(AACE)。在工程造价管理方面有如下几个特点:一是业主自主负责。投资者拟建一个项目,都有一个关于投资的粗略设想,然后外委估价,由业主审核认定即可。业主在处理与造价有关的问题时,不受来自其他方面的影响和干扰。二是专业人员独立估价。除了表现形式具有规范化的要求外,编制估价时所执行的程序、采用的方法、引用的价格参数以及计算依据没有强求一律,而是由估价师自行独立决断,强调各自的"可信度"。三是全程管理一元化。方案选择、优化设计、实施建造等各阶段的造价控制,业主只委托一家工程造价管理单位全面负责,保持前后工作各环节衔接一致与协调呼应,这样也容易分清失误责任。四是社会服务功能强。政府虽有对工程造价计价的规定,但仅对自己的投资对象如监狱、法院等工程行使主管职能,而对非政府工程没有约束作用。估价师之所以估价可靠、管理有方、控制得力,完全得益于社会服务功能。

(2)英国工程造价管理。英国工程造价管理有着悠久的历史,最初工程所用工料的计算(即工料测量)是由工匠在工程实践中发起的。1773年,在爱丁堡出现了第一本工料测量规则,经过工程实践,于1918年形成全苏格兰的工料测量规则。1922年,在英格兰、威尔士也开始形成规范化的工料测量规则,至1965年形成了全英统一的工程量标准计量规则和工程造价管理体系,使工程造价管理工作形成了一个科学化、规范化的颇有影响的独立专业。1946年启用皇家特许工料测量师学会名称,目前在全国有数十所大学设立了工程造价管理专业。[①]

(3)法国工程造价管理。法国将工程造价工作称为建筑经济工作,从事工程造价工作的人称为建筑经济师。19世纪初,法国政府负责自己的房地产及建筑经济工作,1850年以后由建筑经济师负责。1965年,法国开始对建筑经济职业资格进行管理;1972年成立了法国建筑经济师联合会;1975年成立了欧洲建筑经济师联合会。在法国,政府不管工程造价,只对建筑经济师的资格认证进行管理,政府通过资格管理来管理工程造价。法国的建筑经济师与投资者、建筑企业、保险公司、法院在一个较大的职责范围内各负其责。

3.香港特别行政区工程造价管理

(1)工程造价的分类与计算规则。香港特别行政区建筑市场的承包工程分两大类:政府工程和私人工程(包括政府工程私人化)。政府工程由工务局下属的各专业署组织实施,实行统一管理、统一建设。如政府投资的所有房屋工程,包括办公楼、学校、医院、会堂等公用设施,均由建筑署统管统建,一律采取招标投标、竞争承包。私人工程必须通过业主和顾问公司或测量师的介绍才能拿到标书,一般采用邀请招标和议标的方式。香港特别行政区的工程计价一般先确定工程量,而这种工程量的计算规则是香港测量师根据英国皇家测量师学会编制的《英国建筑工程量计算规则》编译而成的《香港建筑工程工程量计算规则》。一般而言,所有招标工程均已由工料测量师计算出工程量,并在招标文件中附有工程量清单,承包商无须再计算或复核。针对已有的工程量清单,应由承包商自主报价。报价的基础是承包商积累的估价资料,而且整个估价过程是考虑价格变化和市场行情的动态过程。

(2)工程计价文件类型。在香港特别行政区,业主与承包商对工程的估价虽然都由工料测量师来完成,但估价的内容与方式不尽相同。业主的估价是从建设前期开始,内容包括:在可行性研究阶段,参照以往的

---

①王振强.英国工程造价管理[M].天津:南开大学出版社,2002.

工程实例,制订初步估算;在方案设计阶段,采用比例法或系数法估算建筑物的分项造价;在初步设计阶段,根据已完成的图纸进行工料测量,制订成本分项初步概算;在详细设计阶段,根据设计图纸及《香港建筑工程工程量计算规则》的规定,计算工程量,参照近期同类工程的分项工程价格,或在市场上索取材料价格经分析计算出详尽的预算,作为甲方的预算或招标的依据。

(3)工程计价方法。在香港特别行政区不论是政府工程还是私人工程,一般都采用招标投标的承包方式,完全把建筑产品视为商品,按商品经济规律办事。工程招标报价一般都采用自由价格。尽管香港特别行政区政府也公布一些指针,如"临时和维修建筑工程预算指针",但仅作为参考。各咨询顾问机构也没有一套固定的预算定额,而是借鉴各自积累的工程实例资料,采用比较法或系数法确定造价。在投标时,对于基本项目(实质就是工程开办费或工程预备费)要根据工程和现场情况在标书中确定。投标者按列出的项目分别报价,一次确定,以后不再做调整。

投标报价时承包商必须按标书列出的项目进行估价,每个工程项目单价的确定,测量师或承包商都有自己的经验标准。主要考察以往同类型项目的单价,结合当前市场材料价格与劳工工资水平的变化调整而定。承包商一般是把标书的分部工程找几家包工头或分包商报价,然后分析和对比他们的报价情况,了解他们的施工方法、价钱是如何确定的,最后得出一个合理的价格进行投标报价。

每个项目的单价均为完全单价,即包括人工费、物料费、机械费、利润和风险费等。投标总价是各工程量价格的总和,加上本企业的管理费和利润,还应考虑价格上的因素。在工程项目划分上,香港特别行政区与国际上的通用办法一致。如混凝土工程的钢筋、模板和混凝土是分列的。因而在标书里,钢筋按部位、直径、长度、品种列出;模板按部位和规格列出;混凝土单价中不含钢筋和模板的价值。

在香港特别行政区也有投资估算指针或概算指针,但没有统一的定额,而是各测量师根据各自的经验资料编制,供自己做预算之用。如利比测量师事务所编制的分部工程造价指针,使用时用同类型建筑物的造价,按性质、数量及价格水平的不同比例方法估算建筑分项造价,汇总后成总造价,作为提供业主投资控制或概算估算之用。

(二)发达国家与地区工程造价管理的特点

发达国家与地区工程造价管理的特点,主要体现在如下几个方面。

1.行之有效的政府间接调控

在国外,按项目投资来源渠道的不同,一般可分为政府投资项目和私人(财团)投资项目。政府对工程造价的管理,主要采用间接手段,对政府投资项目和私人投资项目实施不同力度和深度的管理,重点控制政府投资项目。如英国对政府投资工程采取集中管理的办法,按政府的有关面积标准、造价指标,在核定的投资范围内进行方案设计、施工设计,实行目标控制,不得突破。如遇不正常因素非突破不可时,宁可在保证使用功能的前提下降低标准,也要将投资控制在预定额度范围内。美国对政府的投资项目则采用两种方式:一是由政府设专门机构对工程进行直接管理。美国各地方政府、州政府、联邦政府都设有相应的管理机构。二是通过公开招标委托承包商进行管理。美国在法律上规定所有的政府投资项目都要采用公开招标,特定情况下(涉及国防、军事机密等)可邀请招标和议标,但对项目的审批权限、技术标准(规范)、价格、指数等都做出特别规定,确保项目的资金不突破审批的数额。而对于私人投资项目,对其具体实施过程政府一般采取不干预的方法,主要是进行政策引导和信息指导,由市场经济规律调节,体现了政府对造价的宏观管理的间接调控。

2.有章可循的计价依据

从国外造价管理来看,一定的造价依据仍然是不可缺少的。美国对于工程造价计价的标准不由政府部门组织制定,也没有统一的工程项目造价计价依据和标准。工程造价计价的定额、指标、费用标准等,一般由各个大型的工程咨询公司制定。各地的咨询机构,根据本地区的具体特点,制定出单位建筑面积的消耗量和基价作为所管辖项目的造价估算的标准。英国也没有统一的定额,工程量的计算规则就成为参与工程建设各方共同遵守的计量、计价的基本规则,现行的《建筑工程工程量计算规则》是皇家测量学会组织制定并为各方共同认可的,在英国使用最广泛。此外还有《土木工程工程量计算规则》等。英国政府投资的工程从确定投资的控制、工程项目规模及计价的需要出发,制定了各种建设标准和造价指标,作为控制规划设计、确定工程项目规模和投资的基础,也是审批立项、确定规模和造价限额的依据。

3.多渠道的工程造价信息

造价信息是建筑产品估价和结算的重要依据,是建筑市场价格变化的指示灯。香港地区工程造价信息的发布主要采取价格指数的形式,按照指数内涵划分为三类,即投入价格指数、成本指数和建造价格指数;按照发布机构划分,工程造价指数可分为政府指数和民间指数,政府指数由建筑署定期发布,包括建筑工料综合成本指数、劳工指数、建材价格指数和投标价格指数。香港地区政府部门和社会咨询服务机构除了定期发布工程造价指数之外,还编制建筑市场价格报告及走势分析,用以引导业主和承包商的定价。此外,香港建筑业各阶层人士通过各种媒介,经常对建筑市场走势、动态进行分析和研究,为业主与承包商提供全方位的信息来源,避免了工程建设及施工的盲目性。在美国,建筑造价指数一般由一些咨询机构和新闻媒介来编制和发布,在多种建筑造价来源中,ENR(Engineering News Record)造价指标是比较重要的一种。编制ENR造价指数的目的是为了准确地预测建筑价格,确定工程造价。它是一个加权总指数,由构件钢材、波特兰水泥、木材和普通劳动力四种个体指数组成。ENR共编制两种造价指数,一是建筑造价指数,二是房屋造价指数。这两个指数在计算方法上基本相同,区别仅体现在计算指数中的劳动力要素不同。

4.贴近市场实际的动态估价

在英国,业主对工程的估价一般要委托工料测量师来完成。测量师的估价大体上是按比较法和系数法进行,经过长期的估价实践,他们都拥有极为丰富的工程造价实例资料,甚至建立了工程造价数据库,对于标书中所列出的每一项目价格的确定都有自己的标准。在估价时,工料测量师将不同设计阶段提供的拟建工程项目资料与以往同类工程项目对比,结合当前建筑市场行情,确定项目单价,未能计算的项目(或没有对比对象的项目)则以其他建筑物的造价分析资料来补充。承包商在投标时估价一般要凭自己的经验来完成,往往把投标工程划分为各分部工程,根据本企业定额计算出所需人工、材料、机械等的耗用量,而人工、材料单价根据建筑市场供求情况随行就市,自行确定管理费率,最后做出体现当时当地实际价格的工程报价。总之,工程任何一方的估价,都是以市场状况为重要依据,是完全意义的动态估价。

在美国,工程造价的估算主要由设计部门或专业估价公司来承担,他们在具体编制工程造价估算时,除了考虑工程项目本身的特征因素(如项目拟采用的独特工艺和新技术、项目管理方式、现有场地条件以及资源获得的难易程度)外,一般还对项目进行较为详细的风险分析,以确定适度的预备费。但确定工程预备费的比例并不固定,因项目风险程度大小不同,对于风险较大的项目,预备费的比例较高,反之则较小。造价估算师通过掌握不同的预备费率来调节造价估算的总体水平。

5.通用的合同文本

作为各方签订的契约,合同在国外工程造价管理中有着重要的地位,对双方都具有约束力,对于各方权利与义务的实现都有重要的意义。因此,国外都将严格按合同规定办事作为一项通用的准则来执行,并且有的国家还实行通用的合同文本。在英国,其建筑合同制度已有几百年的历史,有着丰富的内容和庞大的体系。澳大利亚、新加坡和中国香港的建筑合同制度都始于英国,著名的国际咨询工程师联合会(FIDIC)合同条件的第一版是在英国《标准合同条件》的基础上编写的,主要沿用了英国的传统做法与法律体系。

6.项目实施过程中造价的动态控制

国外对工程造价的管理是以市场为中心的动态控制。造价工程师能对造价计划执行中所出现的问题及时分析研究,及时采取纠正措施,这种强调项目实施过程中的造价管理的做法,体现了造价控制的动态性,并且重视造价管理所具有的随环境工作的进程以及价格等变化而快速调整造价控制标准和控制方法的动态特征。在美国,造价工程师十分注重工程项目具体实施过程中的控制与管理,对各分部分项工程都有详细的成本计划,承包商则以此成本计划为依据,伴随着工作进程适时检查计划执行情况,一旦发现偏差,就按一定的标准筛选其差异,找出原因,实施纠偏,并明确纠偏的措施、时间、所需条件及负责人责任。美国一些大的工程公司非常重视工程变更的管理工作,建立了详细的变更制度,出现了变化的情况便及时提出变更并修改造价估算。另外,美国工程造价的动态控制还体现在造价的信息反馈系统上,对资料数据进行及时、准确的处理,从而保证了造价管理的科学性。

三、建设项目工程造价管理模式分析及发展趋势

20世纪30年代,一些现代经济学和管理学的原理被应用到了建设项目工程造价管理的领域,建设项目工程造价管理从简单的工程造价确定与控制开始向重视项目价值和投资效益评估以及项目经济技术分析的方向发展。经过长期发展与探索,建设项目造价管理的理论和方法得到了极大的丰富与完善。

(一)建设项目工程造价管理模式演变进程

二战之后,全球大量建设项目的重建实践,使建设项目工程造价管理的理论和方法取得了长足的发展。当时各国纷纷成立建设项目工程造价管理的协会组织,如1951年澳大利亚工料测量师协会(AIQS)成立,1956年美国造价工程师协会(AACE)成立,1959年加拿大工料测量师协会(CIQS)宣告成立。这些组织的专业人士开展了全面而深入的研究,创立了被称为传统建设项目工程造价管理的理论和技术方法。

从20世纪80年代初开始,人们开始了对于建设项目工程造价管理新模式和新方法的探索工作。例如,美国国防部等政府部门从1967年开始探索"造价与工期控制系统的规范",经反复修订后成为项目净值管理的技术方法,这是一种建设项目造价和工期集成管理的理论与方法。另外,1976年成立的国际造价工程联合会(ICEC)联合了全世界26个国家的造价管理协会和工料测量师协会,为推进建设项目工程造价管理理论与方法的研究与实践做了大量的工作,从而使建设项目工程造价管理进入新的起点。

（二）建设项目造价管理模式类型及其核心思想

现在国际上存在的基本模式可以归纳为以下三个：一是以英国建设项目工程造价管理界为主提出的全生命周期造价管理理论与方法。二是以中国建设项目工程造价管理界为主推出的全过程造价管理思想和方法。三是以美国建设项目工程造价管理界为主推出的全面造价管理理论和方法。

1.建设项目全生命周期造价管理

建设项目全生命周期造价管理的核心概念为：其一，它是用于建设项目投资分析和决策的一种工具，是一种用来选择项目备选方案的数学决策方法，但是不能用来做建设项目全过程的成本管理与控制。其核心思想是在建设项目投资决策和建设项目备选方案评选中要遵循工程项目建造和运营维护两个方面成本最优的原则。其二，它是建筑设计中的一种指导思想和手段，用它可以计算一个建设项目整个生命周期（包括建设期和运营期）的全部成本以及相应的社会与环境成本等。它是用来确定建设项目设计方案的一种技术方法，因为它能够帮助人们从项目成本和价值两个方面去安排建设项目的建筑设计方案。其三，它是一种实现建设项目全生命周期（包括建设项目前期、建设期、运营期和拆除期）造价最小化的一种计划方法，是一种追求项目全生命周期造价最小化和项目价值最大化的计划技术。

2.建设项目全过程造价管理

建设项目全过程造价管理的核心概念为：其一，它是一种基于活动和过程的建设项目造价管理模式，是一种用来确定和控制建设项目全过程造价的方法。其强调建设项目是由一系列活动所构成的过程，所以其造价的确定与控制应该使用基于活动和过程的方法，因此人们必须按照全过程管理的模式和方法去开展这种管理工作。其二，它要求在建设项目工程造价确定中使用基于活动的造价确定方法，这种方法将一个建设项目的全部工作分解成一系列的项目活动，然后分别确定出每项活动消耗或占用的资源，最终根据这些资源及其价格信息确定出一个建设项目全过程的造价。其三，它要求在建设项目工程造价控制中使用基于活动的造价控制方法,这种方法强调建设项目造价控制必须从项目活动数量和方法的控制入手,通过削减不必要的项目活动和改进低效的活动方法减少资源消耗,进而实现对工程造价的控制。

3.建设项目全面造价管理

建设项目全面造价管理的核心概念为:其一,它是系统现在建设项目造价管理上的反映,可以用来分析、评价、确定和控制建设项目的工程造价。其强调在建设项目工程造价管理中要全面考虑项目各种要素的影响,要集成管理建设项目全过程中确定性和不确定性的造价,要促使全体项目相关利益主体都参与建设项目的造价管理。其二,它包含了建设项目全生命周期造价管理的思想和方法,同样要求在评价、分析和设计建设项目时要考虑项目建造和运营维护这两种成本。其还包括通过全体项目相关利益主体参与造价管理去实现项目利益最大化的思想和方法。其三,它包含建设项目全过程造价管理的思想和方法,要求人们按照基于活动的确定和管理方法去确定和控制建设项目全过程的造价。而且,它还包括建设项目造价的全要素集成管理和全风险造价管理等方面的思想和方法。

(三)建设项目造价管理不同模式的应用与发展趋势

1.全生命周期造价管理模式的特点与应用

建设项目全生命周期造价管理的模式主要是在项目设计和决策阶段使用的一种全面考虑建设项目成本和价值原理的方法,它有助于人们在项目全过程中统筹考虑建设项目全生命周期的成本并帮助人们提升项目的价值。因此这种建设项目工程造价管理的模式主要是一种指导建设项目投资决策与建筑设计的方法,但是它并不能用于对建设项目造价的估算、预算和全过程造价控制,所以其适用性存在较大的局限。当然,这种建设项目工程造价管理的模式作为一种投资决策和建筑设计的方法还是比较科学的,所以在建设项目造价管理中获得了广泛的应用。

2.全过程造价管理模式的特点与应用

全过程造价管理模式要求使用基于活动的方法去确定和控制一个建设项目的造价,要求针对项目活动及其方法进行分析和改进,力求降低或消除项目的无效或低效活动从而实现建设项目造价的全面控制。该管理模式更注重建设项目全过程中各项具体活动的成本确定与控制,可见它是比较科学的。中国建设工程造价管理协会编制的《建设项目全过程造价咨询规程》(CECA/GC4-2009)已于2009年8月1日起试行,这必将推动这一模式的广泛应用。当然,该模式的不足之处在于未能充分考虑一个建设项目的建造与运营成本的全生命周期集成管理问题,使其适用性和有效性存在一定的局限。

3.全面造价管理模式的特点与应用

建设项目全面造价管理这一模式最突出的特点是"全面",它不但包括项目全生命周期和全过程造价管理的思想和方法,同时还包括项目全要素、全团队和全风险造价管理等系统论的建设项目造价管理的思想和方法。该模式实际上是现有建设项目工程造价管理思想和方法的一种全面集成,即集成管理的思想和方法。全面造价管理蕴涵着极为宽广的管理知识内涵和最为符合工程造价管理发展的内在逻辑规律。当然,就目前而言,它还只是一种原理和思想,离"务实"层面还有较大的差距,它在方法论和技术方法方面还有待完善,但是,随着社会、科学技术的发展以及信息技术在建设工程领域的广泛应用,这种模式终究会成为未来建设项目工程造价管理的主导模式。

第二章 建设工程合同管理

近年来,建筑工程项目不断发展,国内项目工程管理为了顺应不断发展的建筑工程项目市场,也在不断发展相关理论。在这期间,工程界对于合同管理的重要性也同样开始有了新的认知。

第一节 建设工程合同概述

合同的存在是因为有两方或者多方想以产品或服务交换报酬,并且希望有一种可以依赖的方式来保证双方或者多方对协议的履行。合同是一种工具,用来建立起良好的双方或多方之间的沟通,从而达成确保项目成功的共识与期望。

一、建设工程合同的概念及分类

我国《合同法》规定:建设工程合同是承包人进行工程建设,发包人支付价款的合同。下面简要介绍建设工程合同的概念及种类。

(一)建设工程合同的概念

我国建设工程领域一直将合同当事人双方称为发包方和承包方。我们认为,发包方与发包人、承包方与承包人并无本质的区别,相互之间可以替代使用。建设工程合同双方当事人应当在合同中明确各自的权利义务,但主要是承包人进行工程建设,发包人支付工程款。进行工程建设的行为包括勘察、设计、施工。建设工程实行监理的,发包人也应当与监理人采用书面形式订立委托监理合同。建设工程合同是一种承诺合同,合同订立生效后双方应当严格履行。建设工程合同也是一种双务、有偿合同。当事人双方在合同中都有各自的权利和义务,在享有权利的同时必须履行义务。①

(二)建设工程合同的种类

建设工程合同可以从不同的角度进行分类。

1.从承发包的不同范围和数量划分

可以将建设工程合同分为建设工程总承包合同、建设工程承包合同、分包合同。发包人将工程建设的全过程发包给一个承包人的合同,即为建设工程总承包合同。发包人如果将建设工程的勘察、设计、施工等的每一项分别发包给一个承包人的合同,即为建设工程承包合同。经合同约定和发包人认可,从工程承包人承包的工程中承包部分工程而订立的合同,即为建设工程分包合同。

2.从完成承包的内容来划分

建设工程合同可以分为建设工程勘察合同、建设工程设计合同和建设工程施工合同三类。《合同法》对工程建设监理合同以及建设工程合同做了规定,我们也可以将建设监理合同作为建设工程合同的组成部分。

二、建设工程合同的订立

建设工程合同一经依法订立,即具有法律约束力,在合同双方当事人之间产生权利和义务的法律关系。建设工程合同正是通过这种权利和义务的约束,促使签订合同的双方当事人认真全面地履行合同。

(一)订立建设工程合同的形式要求

我国《合同法》对合同形式确立了以"不要式"为主的原则,即在一般情况下对合同形式采用书面形式还是口头形式没有限制。但是,考虑到建设工程的重要性和复杂性,在建设过程中经常会发生影响合同履行的纠纷,因此,《合同法》规定,建设工程合同应当采用书面形式,即建设工程合同是"要式"合同。不采用书面形式的建设工程合同,则不能有效成立。

---

①谢华宁.建设工程合同[M].北京:中国经济出版社,2017.

（二）订立建设工程合同的方式

发包人可以与总承包人订立建设工程合同,也可以分别与勘察人、设计人、施工人订立勘察、设计、施工承包合同。发包人与总承包人订立的建设工程合同是总承包合同,一般包括从工程立项到交付使用的工程建设全过程,具体应包括:勘察设计、设备采购、施工管理、试车考核(或交付使用)等内容。在实践中,建设工程总承包合同还有一些别的表现方式。如设计-施工总承包、投资-设计-施工总承包等。但主要的还是全过程的总承包。这种发包方式是国家鼓励的。《建筑法》明确规定,提倡对建筑工程实行总承包,因为这种发包方式能够体现社会分工专业化和社会化的结果。当然,发包人也可以分别与勘察人、设计人、施工人订立勘察、设计、施工承包合同。但是,发包人不得将应当由一个承包人完成的建设工程肢解成若干部分发包给几个承包人。

（三）建设工程合同订立的程序

建设工程合同的订立与其他合同一样,也需要经过要约和承诺两个阶段。一般情况下,建设工程合同都应当通过招标投标确定承包人。招标投标既可以通过公开招标进行,也可以通过邀请招标进行。但不论是公开招标还是邀请招标,都应当按照有关法律的规定公开、公平、公正进行,都需要经过招标、投标、开标、评标、中标,最后由招标人和中标人订立建设工程合同。一般情况下,招标行为(招标公告或者投标邀请书)是要约邀请,投标行为是要约,招标人发出的中标通知书则是合同的承诺。由于建设工程合同的重要性,在建设工程合同实质已成立的情况下,双方还应当签订书面的建设工程合同。对于不适于招标发包的建设工程项目,可以直接发包。

第二节 建设工程施工合同管理

建筑市场要维持良好的运行,健全的法律法规也是不可或缺的,它是建设工程合同管理的根本,是合同产生效力的根本保障。

一、建设工程施工合同概述

根据有关工程建设施工的法律法规,结合我国工程建设施工的实际情况,并借鉴了国际上广泛使用的土木工程施工合同(特别是FIDIC土木工程施工合同条件),1999年12月24日国家建设部、国家工商行政管理局发布了《建设工程施工合同(示范文本)》(以下简称《施工合同文本》)。

(一)建设工程施工合同的概念

建设工程施工合同即建筑安装工程承包合同,是发包人和承包人为完成商定的建筑安装工程,明确相互权利、义务关系的合同。依照施工合同,承包人应完成一定的建筑、安装工程任务,发包人应提供必要的施工条件并支付工程价款。施工合同是建设工程合同的一种,它与其他建设工程合同一样是一种双务合同,在订立时也应遵守自愿、公平、诚实信用等原则。施工合同是工程建设的主要合同,是工程建设质量控制、进度控制、费用控制的主要依据。在市场经济条件下,建设市场主体之间相互的权利、义务关系主要是通过合同确立的,因此,在建设领域加强对施工合同的管理具有十分重要的意义。国家立法机关、国务院、国家建设行政管理部门都十分重视施工合同的规范工作。1999年3月15日九届全国人大第二次会议通过、1999年10月1日生效实施的《中华人民共和国合同法》对建设工程施工合同做了明确规定。1993年1月29日建设部发布了《建设工程施工合同管理办法》。这些法律、法规、部门规章是我国工程建设施工合同管理的依据。

施工合同的当事人是发包人和承包人,双方是平等的民事主体。承包、发包双方签订施工合同,必须具备相应资质条件和履行施工合同的能力。对合同范围内的工程实施建设时,发包人必须具备组织协调能力,承包人必须具备有关部门核定的资质等级并持有营业执照等证明文件。发包人既可以是建设单位,也可以是取得建设项目总承包资格的项目总承包单位。在施工合同中,实行的是以工程师为核心的管理体系(虽然工程师不是施工合同当事人)。施工合同中的工程师是指监理单位委派的总监理工程师或发包人指定的履行合同的负责人,其具体身份和职责由双方在合同中约定。

(二)《建设工程施工合同文本》简介

《施工合同文本》是对国家建设部、国家工商行政管理局1991年3月31日发布的《建设工程施工合同示范文本》的改进,是各类公用建筑、民用住宅、工业厂房、交通设施及线路施工和设备安装的样本。

《施工合同文本》由"协议书""通用条款""专用条款"三部分组成,并附有三个附件:附件一是"承包人承揽工程项目一览表";附件二是"发包人供应材料设备一览表";附件三是"工程质量保修书"。"协议书"是《施工合同文本》中总纲性的文件。虽然其文字量并不大,但它规定了合同当事人双方最主要的权利、义务,规定了组成合同的文件及合同当事人对履行合同义务的承诺,并且合同当事人在这份文件上签字盖章,因此具有很高的法律效力。"通用条款"是根据《合同法》《建筑法》《建设工程施工合同管理办法》等法律法规对承发包双方的权利、义务做出的规定,除双方协商一致对其中的某些条款做的修改、补充或取消外,双方都必须履行。它是将建设工程施工合同中共性的一些内容抽象出来编写的一份完整的合同文件。"通用条款"具有很强的通用性,基本适用于各类建设工程。"通用条款"共由11部分47条组成。考虑到建设工程的内容各不相同,工期、造价也随之变动,承包、发包人各自的能力、施工现场的环境和条件也各不相同,"通用条款"不能完全适用于各个具体工程,因此配之以"专用条款"对其做必要的修改和补充,使"通用条款"和"专用条款"成为双方统一意愿的体现。"专用条款"的条款号与"通用条款"相一致,但主要是空格,由当事人根据工程的具体情况予以明确或者对"通用条款"进行修改、补充。

《施工合同文本》的附件则是对施工合同当事人的权利、义务的进一步明确,使施工合同当事人的有关工作一目了然,便于执行和管理。

(三)施工合同文件的组成及解释顺序

组成建设工程施工合同的文件包括:①施工合同协议书。②中标通知书。③投标书及其附件。④施工合同专用条款。⑤施工合同通用条款。⑥标准、规范及有关技术文件。⑦图纸。⑧工程量清单。⑨工程报价单或预算书。双方有关工程的洽商、变更等书面协议或文件视为协议书的组成部分。

上述合同文件应能够互相解释、互相说明。当合同文件中出现不一致时,上面的顺序就是合同的优先解释顺序。当合同文件出现含糊不清或者当事人有不同理解时,按照合同"争议的解决方式"处理。

二、建设工程施工合同类型及选择

建设工程施工合同分为总价合同、单价合同以及成本加酬金合同。建设工程施工合同的选择包括合同类型的选择和合同条件的选择。

(一)建设工程施工合同类型

以付款方式进行划分,合同可分为以下几种。

1.总价合同

总价合同是指在合同中确定一个完成项目的总价,承包单位据此完成项目全部内容的合同。这种合同类型能够使建设单位在评标时,易于确定报价最低的承包商,易于进行支付计算。但这类合同仅适用于工程量不太大且能精确计算、工期较短、技术不太复杂、风险不大的项目。因而采用这种合同类型要求建设单位必须准备详细而全面的设计图纸(一般要求施工详图)和各项说明,使承包单位能准确计算工程量。

2.单价合同

单价合同是承包人在投标时,按招标文件就分部分项工程所列出的工程量表确定各分部分项工程费用的合同类型。这类合同的适用范围比较宽,其风险可以得到合理的分摊,并且能鼓励承包人通过提高工效等手段从成本节约中提高利润。这类合同能够成立的关键在于双方对单价和工程量计算方法的确认。在合同履行中需要注意的问题则是双方对实际工程量计量的确认。

3.成本加酬金合同

成本加酬金合同,是由业主向承包单位支付工程项目的实际成本,并按事先约定的某一种方式支付酬金的合同类型。在这类合同中,业主需承担项目实际发生的一切费用,因此也就承担了项目的全部风险。而承包单位由于无风险,其报酬往往较低。这类合同的缺点是业主对工程总造价不易控制,承包商也往往不注意降低项目成本。这类合同主要适用于以下项目:①需要立即开展工作的项目,如震后的救灾工作。②新型的工程项目,或对项目工程内容及技术经济指标未确定。③风险很大的项目。

(二)建设工程施工合同类型的选择

合同类型的选择,这里仅指以付款方式划分的合同类型的选择。合同的内容视为不可选择。选择合同类型应考虑以下因素。

1.项目规模和工期长短

如果项目的规模较小,工期较短,则合同类型的选择余地较大,总价合同、单价合同及成本加酬金合同都可选择。由于选择总价合同业主可以不承担风险,业主较愿意选用,对这类项目,承包商同意采用总价合同的可能性大,因为这类项目风险小,不可预测因素少。

2.项目的竞争情况

如果在某一时期和某一地点,愿意承包某一项目的承包商较多,则业主拥有较多的主动权,可按照总价合同、单价合同、成本加酬金合同的顺序进行选择。如果愿意承包项目的承包人较少,则承包人拥有的主动权较多,可以尽量选择承包人愿意采用的合同类型。

3.项目的复杂程度

如果项目的复杂程度较高,则意味着:一是对承包商的技术水平要求高;二是项目的风险较大。因此,承包商对合同的选择有较大的主动权,总价合同被选用的可能性较小。如果项目的复杂程度低,则业主对合同类型的选择握有较大的主动权。

4.项目的单项工程的明确程度

如果单项工程的类别和工程量都已十分明确,则可选用的合同类型较多,总价合同、单价合同、成本加酬金合同都可以选择。如果单项工程的分类已详细而明确,但实际工程量与预计的工程量可能有较大出入时,则应优先选择单价合同,此时单价合同为最合理的合同类型。如果单项工程的分类和工程量都不甚明确,则无法采用单价合同。

5.项目准备时间的长短

项目的准备包括业主的准备工作和承包商的准备工作。对于不同的合同类型他们分别需要不同的准备时间和准备费用。对于一些非常紧急的项目,如抢险救灾等项目,给予业主和承包人的准备时间都非常短,因此,只能采用成本加酬金的合同形式。反之,则可采用单价或总价合同形式。

6.项目的外部环境因素

项目的外部环境因素包括:项目所在地区的政治局势、经济局势因素(如通货膨胀、经济发展速度等)、劳动力素质(当地)、交通和生活条件等。如果项目的外部环境恶劣则意味着项目的成本高、风险大、不可预测的因素多,承包商很难接受总价合同方式,而较适合采用成本加酬金合同。

总之,在选择合同类型时,一般情况下是业主占有主动权。但业主不能单纯考虑己方利益,应当综合考虑项目的各种因素、考虑承包商的承受能力,确定双方都能认可的合同类型。

(三)合同条件的选择

我国的工程建设可选择的合同条件主要有两个:国家工商行政管理局和建设部颁布的《建设工程施工合同文本》和FIDIC合同条件。FIDIC合同条件在国际工程中影响较大,世界银行和亚洲开发银行对我国的贷款项目一般都要求采用FIDIC合同条件。除此之外,国内的工程项目一般采用《建设工程施工合同文本》。

三、建设工程施工合同主要条款

建设工程施工合同对工程参与各方的权利义务和职责都有相应的规定。建设工程施工合同主要条款包括以下内容。

(一)施工合同双方的一般权利和义务

1.发包人的工作

根据专用条款约定的内容和时间,发包人应分阶段或一次完成以下工作。

(1)办理土地征用、拆迁补偿、平整施工场地等工作,使施工场地具备施工条件,并在开工后继续负责解决以上事项的遗留问题。

(2)将施工所需水、电、电信线路从施工场地外部接至专用条款约定地点,并保证施工期间需要。

(3)开通施工场地与城乡公共道路的通道以及专用条款约定的施工场地内的主要道路,满足施工运输的需要,保证施工期间的畅通。

(4)向承包人提供施工场地的工程地质和地下管线资料,对资料的真实准确性负责。

(5)办理施工许可证及其他施工所需的证件、批件和临时用地、停水、停电、中断道路交通、爆破作业以及可能损坏道路、管线、电力、通信等公共设施的申请批准手续及其他施工所需的证件(证明承包人自身资质的证件除外)。

(6)确定水准点与坐标控制点,以书面形式交给承包人,进行现场交验。

(7)组织承包人和设计单位进行图纸会审和设计交底。

(8)协调处理施工现场周围地下管线和邻近建筑物、构筑物(包括文物保护建筑)、古树名木的保护工作,承担有关费用。

(9)发包人应做的其他工作,双方在专用条款内约定。

发包人可以将上述部分工作委托承包人办理,具体内容由双方在专用条款内约定,其费用由发包人承担。发包人不按合同约定履行以上义务,导致工期延误或给承包人造成损失的,应赔偿承包人的有关损失,延误的工期相应顺延。

2.承包人的工作

承包人按专用条款约定的内容和时间完成以下工作。

(1)根据发包人的委托,在其设计资质等级和业务允许的范围内,完成施工图设计或与工程配套的设计,经工程师确认后使用,发生的费用由发包人承担。

(2)向工程师提供年、季、月工程进度计划及相应进度统计报表。

(3)根据工程需要提供和维修非夜间施工使用的照明、围栏设施,并负责安全保卫。

(4)按专用条款约定的数量和要求,向发包人提供在施工现场办公和生活的房屋及设施,发生费用由发包人承担。

(5)遵守有关部门对施工场地交通、施工噪声以及环境保护和安全生产等的管理规定,按管理规定办理有关手续,并以书面形式通知发包人。发包人承担由此发生的费用,因承包人责任造成的罚款除外。

(6)已竣工工程未交付发包人之前,承包人按专用条款约定负责已完工程的成品保护工作,保护期间发生损坏,承包人自费予以修复。要求承包人采取特殊措施保护的工程部位和相应追加合同价款,在专用条款内约定。

(7)按专用条款的约定做好施工现场地下管线和邻近建筑物、构筑物(包括文物保护建筑)、古树名木的保护工作。

(8)保证施工场地清洁符合环境卫生管理的有关规定。交工前清理现场达到专用条款约定的要求,承担因自身原因违反有关规定造成的损失和罚款。

(9)承包人应做的其他工作,双方在专用条款内约定。

承包人不履行上述各项义务,造成发包人损失的,应对发包人的损失给予赔偿。

(二)工程师的产生和职权

工程师包括监理单位委派的总监理工程师或者发包人指定的履行合同的负责人。

1.发包人委托监理

发包人可以委托监理单位,全部或者部分负责合同的履行。工程施工监理应当按照法律、行政法规及有关的技术标准、设计文件和建设工程施工合同,对承包人在施工质量、建设工期和建设资金使用等方面,代表发包人实施监督。发包人应当将委托的监理单位名称、监理内容及监理权限以书面形式通知承包人。监理单位委派的总监理工程师在施工合同中称为工程师,是监理单位法定代表人授权,派驻施工现场监理组织的总负责人,行使监理合同赋予监理单位的权利和义务,全面负责受委托工程的建设监理工作。监理单位委派的总监理工程师姓名、职务、职责应当向发包人报送,在施工合同专用条款中应当写明总监理工程师的姓名、职务、职责。

2.发包人派驻代表

发包人派驻施工场地履行合同的代表在施工合同中也称工程师。发包人代表是经发包人单位法定代表人授权的、派驻施工场地的负责人，其姓名、职务、职责在专用条款内约定，但职责不得与监理单位委派的总监理工程师职责相互交叉。发生交叉或不明确时，由发包人明确双方职责，并以书面形式通知承包人。

3.工程师更换

发包人应当至少于更换前7天以书面形式通知承包人，后任继续履行合同文件约定的前任的权利和义务，不得更改前任做出的书面承诺。

4.工程师的职责

工程师在施工合同的履行过程中，应当承担以下职责。

(1)工程师可委派工程师代表：在施工过程中，不可能所有的监督和管理工作都由工程师自己完成。工程师可委派工程师代表等具体管理人员，行使自己的部分权利和职责，并可在认为必要时撤回委派，委派和撤回均应提前7天以书面形式通知承包人，负责监理的工程师还应将委派和撤回通知给发包人。委派书和撤回通知作为合同附件。工程师代表在工程师授权范围内向承包人发出的任何书面形式的函件与工程师发出的函件效力相同。

(2)工程师发布指令、通知：工程师的指令、通知由其本人签字后，以书面形式交给项目经理，项目经理在回执上签署姓名和收到时间后生效。确有必要时，工程师可发出口头指令，并在48小时内给予书面确认，承包人对工程师的指令应予执行。工程师不能及时给予书面确认，承包人应于工程师发出口头指令后7天内提出书面确认要求。工程师在承包人提出确认要求后48小时内不予答复，应视为口头指令已被确认。承包人认为工程师指令不合理，应在收到指令后24小时内提出书面申告，工程师在收到承包人申告后24小进内做出修改指令或继续执行原指令的决定，并以书面形式通知承包人。紧急情况下，工程师要求承包人立即执行的指令或承包人虽有异议，但工程师决定仍继续执行的指令，承包人应予执行。因指令错误发生的费用和给承包人造成的损失由发包人承担,延误的工期相应顺延。对于工程师代表在工程师授权范围内发出的指令和通知,视为工程师发出的指令和通知。但工程师代表发出指令失误时,工程师可以纠正。除工程师或工程师代表外,发包人派驻工地的其他人员无权向承包人发出任何指令。

(3)工程师应当及时完成自己的职责:工程师应按合同约定,及时向承包人提供所需指令、批准、图纸,并履行其他约定的义务,否则发包人应承担延误造成的追加合同价款,并赔偿承包人有关损失,顺延延误的工期。

(4)工程师做出处理决定:在合同履行中,发生影响发、承包双方权利或义务的事件时,负责监理的工程师应依据合同在其职权范围内客观公正地进行处理。为保证施工正常进行,承、发包双方应尊重工程师的决定。承包人对工程师的处理有异议时,按照合同约定争议处理办法解决。①

(三)项目经理的产生和职责

项目经理是由承包人单位法定代表人授权的、派驻施工场地的承包人的总负责人。他代表承包人负责工程施工的组织和实施。

1.项目经理的产生

承包人施工质量、进度的好坏与项目经理的水平、能力、工作热情有很大关系,一般都应当在投标书中明确,并作为评标的一项内容。项目经理的姓名、职务在专用条款内约定。项目经理一旦确定后,承包人不能随意更换。项目经理更换,承包人应当至少于更换前7天以书面形式通知发包人。后任继续履行合同文件约定的前任的权利和义务,不得更改前任做出的书面承诺。发包人可以与承包人协商,建议调换其认为不称职的项目经理。

2.项目经理的职责

项目经理在施工合同的履行过程中应当完成以下职责。

(1)项目经理向发包人提出要求和通知。项目经理有权代表承包人向发包人提出要求和通知。承包人的要求和通知以书面形式由项目经

①谢华宁.建设工程合同[M].北京:中国经济出版社,2017.

理签字后送交工程师,工程师在回执上签署姓名和收到时间后生效。

（2）组织施工。项目经理按工程师认可的施工组织设计（或施工方案）和依据合同发出的指令、要求组织施工。在情况紧急且无法与工程师联系时,应当采取保证人员生命和工程财产安全的紧急措施,并在采取措施后48小时内向工程师送交报告。责任在发包人和第三方,由发包人承担由此发生的追加合同价款,相应顺延工期;责任在承包人,由承包人承担费用,不顺延工期。

四、施工合同的订立

施工合同的订立应具备一定的条件和遵循一定的程序。

（一）订立施工合同应当具备的条件

1.初步设计已经批准。

2.工程项目已经列入年度建设计划。

3.有能够满足施工需要的设计文件和有关技术资料。

4.建设资金和主要建筑材料设备来源已经落实。

5.招投标工程,中标通知书已经下达。

（二）订立施工合同的程序

施工合同作为合同的一种,其订立也应经过要约和承诺两个阶段。最后,将双方协商一致的内容以书面合同的形式确立下来。其订立方式有两种:直接发包和招标发包。如果没有特殊情况,工程建设的施工都应通过招标投标确定施工企业。中标通知书发出后,中标的施工企业应当与建设单位及时签订合同。依据《工程建设施工招标投标管理办法》的规定,中标通知书发出30天内,中标单位应与建设单位依据招标文件、投标书等签订工程承发包合同（施工合同）。签订合同的必须是中标的施工企业,投标书中已确定的合同条款在签订时不得更改,合同价应与中标价相一致。如果中标施工企业拒绝与建设单位签订合同,则建设单位将不再返还其投标保证金（如果是由银行等金融机构出具投标保函的,则投标保函出具者应当承担相应的保证责任）,建设行政主管部门或其授权机构还可给予一定的行政处罚。

五、施工合同的变更与解除

在施工过程中如果合同发生变更,将对施工进度产生影响。因此,应尽量减少变更,如果必须进行变更,必须严格按照国家的规定和合同约定的程序进行。

(一)设计变更

1.发包人对原设计进行变更

施工中发包人如果需要对原工程设计进行变更,应不迟于变更前14天以书面形式向承包人发出变更通知,变更超过原设计标准或者批准的建设规模时,须经原规划管理部门和其他有关部门审查批准,并由原设计单位提供变更的相应图纸和说明。发包人办妥上述事项后,承包人根据发包人变更通知并按工程师要求进行变更。

2.承包人不得对原工程设计进行变更

承包人应当严格按照图纸施工,不得随意变更设计。施工中承包人提出的合理化建议涉及对设计图纸或者施工组织设计的变更及对原材料、设备的换用,须经工程师同意。工程师同意变更后,也须经原规划管理部门和其他有关部门审查批准,并由原设计单位提供变更的相应图纸和说明。承包人未经工程师同意擅自变更设计的,因擅自变更设计发生的费用和由此导致发包人的直接损失,由承包人承担,延误的工期不予顺延。

3.设计变更事项

能够构成设计变更的事项包括以下几点。

(1)更改有关部分的标高、基线、位置和尺寸。

(2)增减合同中约定的工程量。

(3)改变有关工程的施工时间和顺序。

(4)其他有关工程变更需要的附加工作。

由于发包人对原设计进行变更以及经工程师同意的、承包人要求进行的设计变更,导致合同价款的增减及造成的承包人损失,由发包人承担,延误的工期相应顺延。

（二）其他变更

合同履行中发生的其他实质性变更，由双方协商解决。

（三）变更价款的确定

1.变更价款的确定程序

设计变更发生后，承包人在工程设计变更确定后14天内，提出变更工程价款的报告，经工程师确认后调整合同价款。承包人在确定变更后14天内不向工程师提出变更工程价款报告时，视为该项设计变更不涉及合同价款的变更。工程师收到变更工程价款报告之日起14天内，予以确认。工程师无正当理由不确认时，自变更价款报告送达之日起14天后变更工程价款报告自行生效。

2.变更价款的确定方法

变更合同价款按照下列方法进行。

（1）合同中已有适用于变更工程的价格，按合同已有的价格计算、变更合同价款。

（2）合同中只有类似于变更工程的价格，可以参照此价格确定变更价格，变更合同价款。

（3）合同中没有适用或类似于变更工程的价格，由承包人提出适当的变更价格，经工程师确认后执行。

（四）合同解除

施工合同订立后，当事人应当按照合同的约定履行。但是，在一定的条件下，合同没有履行或者全部履行之前，当事人也可以解除合同。

1.可以解除合同的情形

在下列情况下，施工合同可以解除。

（1）合同的协商解除：施工合同当事人协商一致，可以解除。这是在合同成立以后、履行完毕以前，双方当事人通过协商而同意终止合同关系的解除。

（2）发生不可抗力时合同的解除：因为不可抗力或者非合同当事人的原因，造成工程停建或缓建，致使合同无法履行，合同双方可以解除合同。

（3）当事人违约时合同的解除：合同当事人出现以下违约时，可以解除合同。①当事人不按合同约定支付工程款（进度款），双方又未达成延期付款协议，导致施工无法进行，承包人停止施工超过56天，发包人仍不支付工程款（进度款），承包人有权解除合同。②承包人将其承包的全部工程转包给他人，或者肢解以后以分包的名义分别转包给他人，发包人有权解除合同。③合同当事人一方的其他违约致使合同无法履行，合同双方可以解除合同。

2.一方主张解除合同的程序

一方主张解除合同的，应向对方发出解除合同的书面通知，并在发出通知前7天告知对方。通知到达对方时合同解除。对解除合同有异议的，按照解决合同争议程序处理。

3.合同解除后的善后处理

合同解除后，当事人双方约定的结算和清理条款仍然有效。承包人应当妥善做好已完工程和已购材料、设备的保护和移交工作，按照发包人要求将自有机械设备和人员撤出施工场地。发包人应当为承包人撤出提供必要的条件，支付以上所发生的费用，并按照合同约定支付已完工程价款。已经订货的材料、设备由订货方负责退货，不能退还的货款和退货，解除订货合同发生的费用，由发包人承担；未及时退货造成的损失由责任方承担。

第三节　FIDIC合同条件简介

FIDIC是指国际咨询工程师联合会。FIDIC是由该联合会的法文名称字头组成的缩写词。1913年欧洲四个国家的咨询工程师协会组成了FIDIC。经过多年的发展，到20世纪90年代，该联合会已拥有50多个代表不同国家和地区的咨询工程师专业团体会员国（它的会员在每个国家只有一个），是被世界银行认可的国际咨询服务机构，总部设立在瑞士洛桑。中国工程师咨询协会代表我国于1996年10月加入了该组织。

一、FIDIC合同条件概述

FIDIC合同条件在世界上应用很广,不仅为FIDIC成员国采用,也为世界银行、亚洲开发银行等国际金融机构的招标采购样本采用。FIDIC编制了许多标准合同条件,其中在工程界影响最大的是FIDIC土木工程施工合同条件(在本书中,如无特别说明,FIDIC合同条件即指FIDIC土木工程施工合同条件)。

(一)FIDIC合同条件的构成

FIDIC合同条件由通用合同条件和专用合同条件两部分构成。

1.FIDIC通用合同条件

FIDIC通用合同条件是固定不变的,工程建设项目只要是属于土木工程施工,如工民建工程、水电工程、路桥工程、港口工程等建设项目,都可适用。通用合同条件共分25大项,内含72条,72条又可细分为194款。25大项分别是:定义与解释;工程师及工程师代表;转让与分包;合同文件;一般义务;劳务;材料、工程设备和工艺;暂时停工;开工和误期;变更、增添和省略;索赔程序;承包商的设备、临时工程和材料计量;暂定金额;指定的分包商;证书与支付;补救措施;特殊风险;解除履约合同;争端的解决;通知;业主的违约;费用和法规的变更;货币与汇率。在通用合同条件中还有一些可以考虑补充的条款。如贿赂、保密、关税和税收的特别规定等。

由于通用合同条件适用于所有土木工程,条款也非常具体而明确,因此当我们脱离具体工程宏观的角度讲FIDIC合同条件的内容时,如讲课、编讲义时,仅指FIDIC通用合同条件。FIDIC通用合同条件可以大致划分为涉及权利义务的条款、涉及费用管理的条款、涉及工程进度控制的条款、涉及质量控制的条款和涉及法规性的条款等五大部分。这种划分只能是大致的,因为有相当多的条款很难准确地将其划入某一部分,可能同时涉及费用管理、工程进度控制等几个方面的内容。为了使FIDIC合同条件具有一定的系统性,有必要从条款的功能、作用等方面做一个初步归纳。

2.FIDIC专用合同条件

FIDIC在编制合同条件时,对土木工程施工的具体情况做了充分而详尽的考察,从中归纳出大量内容具体、详尽且适用于所有土木工程施工的合同条款,组成了通用合同条件。但仅有这些是不够的,具体到某一工程项目,有些条款应进一步明确,有些条款还必须考虑工程的具体特点和所在地区的情况予以必要的变动。FIDIC专用合同条件就是为了实现这一目的。通用合同条件与专用合同条件一起构成了决定一个具体工程项目各方的权利、义务和对工程施工的具体要求的合同条件。

专用合同条件中的条款的出现可能是出自于以下原因。

(1)在通用合同条件的措辞中专门要求在专用合同条件中包含进一步的信息,如果没有这些信息,合同条件则不完整。

(2)在通用合同条件中说到在专用合同条件中可能包含有补充材料的地方。但如果没有这些补充条件,合同条件仍不失其完整性。

(3)工程类型、环境或所在地区要求必须增加的条款。

(4)工程所在国法律或特殊环境要求通用合同条件所含条款有所变更。此类变更是这样进行的:在专用合同条件中说明通用合同条件的某条或某条的一部分予以删除,并根据具体情况给出适用的替代条款或者条款之一部分。

(二)FIDIC合同条件的具体应用

1.FIDIC合同条件适用的工程类别

FIDIC合同条件适用于一般的土木工程,其中包括工业与民用建设工程、疏浚工程、土壤改善工程、道桥工程、水利工程、港口工程等。

2.FIDIC合同条件适用的合同性质

FIDIC合同条件在传统上主要适用于国际工程施工。但FIDIC合同条件第四版删去了文件标题中的"国际"一词,使FIDIC合同条件不但适用于国际性招标的工程施工,而且同样适用于国内工程(只要把专用合同条件稍加修改即可)。

3.应用FIDIC合同条件的前提

FIDIC合同条件注重业主、承包商、工程师三方的关系协调,强调工程师在项目管理中的作用。在土木工程施工中应用FIDIC合同条件应具备以下前提。

(1)通过竞争性招标确定承包商。

(2)委托工程师对工程施工进行监理。

(3)按照单价合同编制的招标文件。

(三)FIDIC合同条件下合同文件的组成及优先次序

在FIDIC合同条件下,合同文件除合同条件外,还包括其他对业主、承包人都有约束力的文件。构成合同的这些文件应该是互相说明、互相补充的,但是这些文件有时会产生冲突或含义不清。此时,应由工程师进行解释,其解释应按构成合同文件的如下先后次序进行:

①合同协议书。②中标函。③投标书。④合同,合同条件第二部分(专用合同条件)。⑤合同条件第一部分(通用合同条件)。⑥规范。⑦图纸。⑧标价的工程量表。

二、FIDIC合同条件中涉及权利、义务的条款

FIDIC合同条件中涉及权利、义务的条款主要包括业主的权利与义务、工程师的权力与职责、承包商的权利与义务等内容。

(一)业主的权利与义务

业主是指合同专用条件中指定的当事人以及取得此当事人资格的合法继承人,但除非承包商同意,不指此当事人的任何受让人。业主是建设工程项目的所有人,也是合同的当事人,在合同的履行过程中享有大量的权利并承担相应的义务。

1.业主的权利

(1)业主有权批准或否决承包商将合同转让给他人:施工合同的签订意味着业主对承包商的信任,承包商无权擅自将合同转让给他人。即使承包商转让的是合同中的一部分好处或利益,如选择分包商,也必须经业主同意。因为这种转让行为可能损害业主的权益。

(2)业主有权将工程的部分项目或工作内容的实施发包给指定的分包商:指定分包商是指业主或工程师指定、选定或批准完成某一项工作

内容的施工或材料设备的供应工作的承包商。

（3）承包商违约，业主有权采取补救措施：如施工期间出现的质量事故，如果承包商无力修复，或者工程师考虑工程安全，要求承包商紧急修复，而承包商不愿或不能立即进行修复。此时，业主有权雇用其他人完成修复工作，所支付的费用从承包商处扣回。

（4）承包商构成合同规定的违约事件时，业主有权终止合同：在发出终止合同的书面通知14天后，在不解除承包商履行合同的义务与责任的条件下，业主可以进驻施工现场。业主可以自己完成该工程，或雇用其他承包商完成该工程。业主或其他承包商为了完成该工程，有权使用他们认为合适的承包商的设备、临时工程和材料。

2.业主的义务

（1）业主应在合理的时间内向承包商提供施工场地。

（2）业主应在合理的时间内向承包商提供图纸和有关辅助资料。

（3）业主应按合同规定的时间向承包商付款。

（4）业主应在缺陷责任期内负责照管工程现场。

（5）业主应协助承包商做好有关工作。

3.业主应承担的风险

（1）战争、敌对行动（不论宣战与否）、入侵、外敌行动。

（2）叛乱、革命、暴动或军事政变、篡夺政权、内战等。

（3）由于任何有危险性物质所引起的离子辐射或放射性污染。

（4）以声速或超声速飞行的飞机或其他飞行装置产生的压力波。

（5）暴乱、骚乱或混乱，但对于完全局限在承包商或其分包商雇用人员中间且是由于从事本工程而引起此类事件除外。

（6）由于业主提前使用或占用任何永久工程的区段或部分而造成的损失或损害。

（7）因工程设计不当而造成的损失或损害，而这类设计又不是由承包商提供或由承包商负责的。

（8）一个有经验的承包商通常无法预测和防范的任何自然力的作用。

发生上述事件,业主应承担风险,如这已包括在合同规定的有关保险条款中,凡投保的风险,业主将不再承担任何费用方面的责任和义务。如果在风险事件发生之前就已被工程师认定是不合格的工程,对该部分损失业主也不承担责任。

(二)工程师的权力与职责

工程师是指业主为合同的规定而指定的工程师。他与业主签订委托协议书,根据施工合同的规定,对工程的质量、进度和费用进行控制和监督,以保证工程项目的建设能满足合同的要求。

1.工程师的权力

(1)工程师在质量管理方面的权力:①对现场材料及设备有检查和控制的权力;对工程所需要的材料和设备,工程师随时有权检查。②有权监督承包商的施工。③对已完工程有确认或拒收的权力。④有权对工程采取紧急补救措施。⑤有权要求解雇承包商的雇员。⑥有权批准分包商。

(2)工程师在进度管理方面的权力:①工程师有权批准承包商的进度计划。②有权发出开工令、停工令和复工令。③有权控制施工进度。

(3)工程师在费用管理方面的权力:①有权确定变更价格。②有权批准使用暂定金额。③有权批准使用计日工。④有权批准向承包商付款。

(4)工程师在合同管理方面的权力:①有权批准工程延期。②有权发布工程变更令。③有权颁发移交证书和缺陷责任证书。④有权解释合同中有关文件。⑤有权对争端做出决定。

2.工程师的职责

(1)认真执行合同:这是监理工程师的根本职责。根据FIDIC合同条件的规定,工程师的职责有:合同实施过程中向承包商发布信息和指标;评价承包商的工作建议;保证材料和工艺符合规定;批准已完成工作的测量值以及校核,并向业主送交支付证书等工作。这些工作既是工程师的权力,也是工程师的义务。在合同的管理中,尽管业主、承包商和工程师之间定期召开会议,但和承包商的全部联系还应通过工程师进行。

(2)协调施工有关事宜：工程师对工程项目的施工进展负有重要责任，应同业主、承包商保持良好的工作关系，协调有关施工事宜，及时处理施工中出现的问题，确保施工的顺利进行。

（三）承包商的权利和义务

承包商是指其标书已被业主接受的当事人以及取得该当事人资格的合法继承人，但不指该当事人的任何受让人（除非业主同意）。承包商是合同的当事人，负责工程的施工。

1.承包商的权利

(1)有权得到工程付款。

(2)有权提出索赔。

(3)有权拒绝接受指定的分包商。

(4)如果业主违约，承包商有权终止受雇和暂停工作。

2.承包商的义务

(1)按合同规定的完工期限、质量要求完成合同范围内的各项工程。

(2)对现场的安全和照管负责。

(3)遵照执行工程师发布的指令。

(4)对现场负责清理。

(5)提供履约担保。

(6)应提交进度计划和现金流通量的估算。

(7)保护工程师提供的坐标点和水准点。

(8)工程和承包商设备保险。

(9)保障业主免于承受人身或财产的损害。

(10)遵守工程所在地的一切法律和法规。

三、FIDIC合同条件中涉及费用管理的条款

FIDIC合同条件中涉及费用管理的条款范围很广，有的直接与费用管理有关，有的间接与费用管理有关。概括起来，大致包括有关工程计量的规定、有关被迫终止时结算与支付的规定、有关工程变更和价格调整时结算与支付的规定、有关索赔的规定等方面的内容。

(一)有关工程计量的规定

1.工程量的计量

在制定招标文件时,应列出工程量清单,显示工程的每一项目或分项工程的名称、估计数量及单位。而单价和合价则由投标者填写,然后成为投标文件的组成部分。这些工程量是在图纸和规范的基础上对该工程估算工程量,它们不能作为承包商履行合同规定的义务过程中应予完成工程实际和确切的工程量。

承包商在实施合同中完成的实际工程量要通过计量来核实,以此作为结算工程价款的依据。由于FIDIC合同是固定单价合同,承包商报出的单价一般是不能变动的,因此工程价款的支付额是单价与实际工程量的乘积之和。

2.工程计量的方法

工程计量应当计量净值,不能依照通常的和当地的习惯进行计量。如有例外情况,应在规范和工程量清单中加以说明,例如土方开挖中对超挖部分的计量方法。如果合同中另有规定的,则依合同规定进行计量。如果编制技术规范和工程量清单时,使用了国际或某国的标准计量方法,则应在合同条款中加以说明,并在测量实际完成的工作量时使用同一方法。具体的计量方法根据工程的不同而有所不同,可采用均摊法、凭据法、分解计量等方法。

3.包干项目分项计量

承包商应在接到中标函后28天之内把在投标书中的每一包干项目的分项表提交给工程师,以便包干项目能够分项进行计量,但分项表应得到工程师的批准。

(二)有关合同履行过程中结算与支付的规定

1.承包商应提交现金流量的估算

中标通知书发出后,在合同规定的时间内,承包商应按季度向工程师提交根据合同有权得到现金流量的估算,以供其参考。此后,如果工程师提出要求,承包商还应按季度提供修订的现金流量的估算。因为业主将需要一份估算表,使他能够明确在何时保证能向承包商提供多少资金。但工程师对该表的批准,并不解除承包商的责任。

2.工程进度中的结算与支付(中期付款)

中期付款如按月进行即为月进度支付。对此,承包商应先提交月报表,交由工程师审核后填写支付证书并报送业主。

工程师接到月结算报表后,在28天内应向业主报送他认为应该付给承包商的本月结算款额和可支付的项目,即在审核承包商报表中申报的款项内容的合理性和计算的准确性后,工程师应按合同规定扣除应扣款额,所得金额净值则为承包商本月应得付款。应扣款额主要是以前支付的预付款额、按合同规定计算的保留金额以及承包商到期应付给业主的其他金额。如果最后计算的金额净值少于投标书附件规定的临时支付证书最少金额时,工程师可不对这月结算作证明,留待下月一并付款。另外,工程师在签发每月支付证书时,有权对以前签发的证书进行修正,如果他对某项工作的执行情况不满意时,也有权在证书中删去或减少该项工作的价款。

3.暂定金额的使用

暂定金额也叫备用金,是指包括在合同中并在工程量表中以该名称标明,供工程任何部分的施工,或提供货物、材料、设备、服务,或提供不可预料事件之费用的一项金额。暂定金额的使用范围包括以下几点。

(1)在招标时还不能对工程的某个部分做出足够详细的规定,从而使投标人不能开出确定的费率和价格。

(2)招标时不能确定某一具体工作项目是否包括在合同之内。

(3)给指定分包商工作的付款。

4.保留金的支付

保留金也称滞留金,是每次中期付款时,从承包商应得款项中按投标书附件规定比例扣除的金额。一般情况下,从每月的工程结算款中扣除7% ~ 10%,一直扣到工程合同价的5%为止。当颁发整个工程的移交证书时,监理工程师应开具支付证书,把一半保留金支付给承包商。如果颁发的是分部工程的移交证书时,则应向承包商支付按工程师计算的这部分永久工程所占合同工程的比例相应的保留金额的一半。

当工程的缺陷责任期满时,另一半保留金将由工程师开具支付证书支付给承包商。如果有不同的缺陷责任期适用于永久工程的不同区段或部分时,只有当最后一缺陷责任期满时才认为该工程的缺陷责任期满。

5.竣工报表及支付

颁发整个工程的移交证书之后84天内承包商应向工程师呈交一份竣工报表,并应附有按工程师批准的格式所编写的证明文件。竣工报表应详细说明以下几点。

(1)到移交证书证明的日期为止,根据合同所完成的所有工作的最终价款。

(2)承包商认为应该支付的任何进一步的款项。

(3)承包商认为根据合同将支付给他的估算数额。

工程师应根据竣工图对工程量进行详细核算,对承包商的其他支付要求加以审核,最后确定工程竣工报表的支付金额,上报业主批准支付。

6.最终报表与最终支付证书

在颁发缺陷责任证书后56天内,承包商应向工程师提交一份最终报表草案供其考虑,并应附上按工程师批准的格式编写的证明文件。该草案应该详细说明以下问题。

(1)根据合同所完成的所有工作的价款。

(2)承包商根据合同认为应支付给他的任何进一步的款项。

如果工程师不同意或不能证实该草案的任何一部分,则承包商应根据工程师的合理要求提交进一步的资料,并对草案进行修改以使双方可能达成一致。随后,承包商应编制并向工程师提交双方同意的最终报表。当最终报表递交之后,承包商根据合同向业主索赔的权利就终止了。工程师在接到最终报表书面结清单后28天内,向业主发出一份最终证书,说明:①工程师认为按照合同最终应支付的金额。②业主对以前所支付的所有款项和应得到各项款额加以确认后(除拖期违约罚款外),业主还应支付给承包商或承包商还应支付给业主的余额(如果有)。

7.承包商对指定分包商的支付

承包商在获得业主按实际完成工程量的付款后,扣除分包合同规定承包商应得款(如提供劳务、协调管理的费用等)和按比例扣除扣留金后,应按时向指定分包商付款。工程师在颁发支付证书前,如果承包商提交不出证明,且没有合法的理由,则业主有权根据工程师的证明,直接向该指定的分包商支付在指定分包合同中已规定而承包商未支付的所有费用(扣除扣留金)。然后,业主以冲账方式从业主应付或将付给承包商的任何款项中将上述金额扣除。

(三)有关工程变更和价格调整时结算与支付的规定

1.使用工程量表中的费率和价格

对变更的工作进行估价,如果工程师认为适当,可以使用工程量表中的费率和价格。

2.制定新的费率和价格

如果合同中未包括适用于该变更工作的费率或价格,则应在合同的范围内使用合同中的费率和价格作为估价的基础。如做不到这一点,则要求工程师与业主、承包商适当协商后,再由工程师和承包商商定一个合适的费率或价格。当双方意见不一致时,工程师有权确定一个他认为合适的费率或价格,同时将副本呈送业主。在费率和价格经同意和决定之前,工程师应确定暂行费率或价格,以便有可能作为计算暂付款的依据,包括在每月中期结算发出的证书之中。工程师在行使与承包商商定或单独决定费率的权力时,应得到业主的明确批准。工程师应在发布工程变更指令的14天内或变更工程开始之前,向承包商发出要求承包商就额外付款或费率的确定意图,以文件形式通知工程师,或是直接将工程师确定费率或价格的意图通知承包商,以便双方进行协商。一般情况下,合同内所含任何项目的费率或价格不应考虑变动,除非项目涉及的款额超过合同价格的2%以及在该项目下实施的实际工程量超出或少于工程量表中规定的工程量的25%以上。

3.变更超过15%时的合同总价变动

如果在颁发整个工程的移交证书时,发现由于工程变更及工程量表中实际工程量的增加或减少(不包括暂定金额、计时工费用和价格调整),使合同价格的增加或减少值合计起来超过"有效合同价"(此处系指不包括暂定金额及计日工补贴的合同价格)的15%,则经工程师与业主和承包商适当协商后,应在合同价格中加上承包商与工程师可能议定的另外的款额。如双方未能达到一致意见,此款额则应由工程师在考虑了合同中承包商的现场费用和总管理费用后予以确定。该款项的计算应以超出或等于有效合同价格的15%的量为基础。

(四)有关索赔的规定

1.承包商发出索赔通知

当索赔事件发生后,承包商必须在28天内,将其要求索赔的意向通知工程师,同时将一份副本呈交业主。

2.承包商应做好同期记录

索赔事件发生后至索赔事件影响的结束期间,要认真做好同期记录。同期记录的内容应当包括索赔事件及与索赔事件有关的各项事宜。承包商的同期记录,对于处理索赔事件是十分重要的,它能够使监理工程师对索赔事件的详细情况做全面了解,以便确定合理的索赔估价。

3.承包商提供索赔证明

承包商应在索赔通知发出后的28天内或在工程师同意的其合理的时间内提供索赔证明。该证明应当说明索赔款额及提出索赔的依据等详细材料。当提出索赔的事件具有连续影响时,承包商应按工程师的要求,在一定时间内,提出阶段的详细情况的报告。当索赔事件所产生的影响结束28天内,承包商应向工程师提交一份最详细报告。

4.索赔的审批和支付

承包商提供索赔证明后,工程师便可以开始对索赔事件进行审批,工程师根据合同条件和承包商提供的索赔证明,确定索赔是否可以接受,并对可以接受的索赔事件,确定最终的索赔金额;也可任命评估小组,对索赔事件进行调查核实,并提出评审报告,再由工程师进行审批。如果承包商违反了索赔程序,则有权得到的付款将不超过工程师或仲裁人员通过同期记录核实估价的索赔总额。对于经工程师与业主、承包商适当协商并确定的应付索赔金额,承包商有权要求工程师纳入签署的任何临时付款,而不必等到全部索赔结束后再行支付。①

---

①陈津生.FIDIC施工合同条件下的工程索赔与案例启示[M].北京:中国计划出版社,2016.

第三章 建设工程工程量清单计价规范

为更深入地推行建设工程工程量清单计价,更好地适应国家新近颁布的相关法规变化,更快地促进建筑业科学技术的进步与发展,更高效地健全工程计价的标准体系、深化工程造价管理领域的改革,我国从2013年7月1日起施行《建设工程工程量清单计价规范》(GB 50500-2013)和九本专业工程的工程量计算规范组成的新的工程计价、计量国家标准。本章将对这套国家标准的主要内容与使用方法进行阐述。

第一节 建设工程工程量清单计价规范及其组成

《建设工程工程量清单计价规范》(GB 50500-2013)(以下简称"现行计价规范")是中华人民共和国住房和城乡建设部根据国家最新的相关法规和我国工程造价管理改革的要求,按照"政府宏观调控、企业自主报价、竞争形成价格、监管行之有效"的工程造价管理模式改革方向制定并与中华人民共和国国家质量监督检验检疫总局联合发布的、规范我国建设工程施工发承包计价行为统一建设工程工程量清单编制和计价方法的国家标准。

一、建设工程工程量清单计价规范相关概念

建设工程工程量清单计价规范包括以下内容。

(一)建设工程工程量清单计价规范

现行计价规范增强了规范的操作性、保持了规范的先进性、确立了工程计价标准体系的形成,具有强制性、实用性、竞争性、通用性等特点。

实行这一计价规范对于深化工程造价运行机制的改革、合理确定建设工程造价、推动建设市场的完善与发展、提高我国固定资产投资效益、优化配置建设资源、促进我国建筑业劳动生产率水平的提高、加快我国工程计价与国际惯例接轨等方面都具有极其重要的作用。

（二）工程量清单

工程量清单，是由招标人按照现行计价规范附录中规定的统一项目编码、项目名称、计量单位和工程量计算规则等编制的供计算招标控制价和投标报价的，表现拟建工程的分部分项工程项目、措施项目、其他项目、规费项目、税金项目的名称和相应数量等的明细清单。使用工程量清单是工程计价的国际惯例。工程量清单产生于19世纪30年代的西方国家。他们那时就开始把计算工程量提供工程量清单专业化作为业主估价师的职责。规定所有工程投标都要以业主提供的工程量清单为基础，以便投标结果能具有可比性。1992年英国出版了标准的《工程量计算规则》，在英联邦国家中广泛使用。在国际工程施工承发包中使用的FIDIC工程量计算规则就是在英国工程量计算规则的基础上，根据工程项目与合同管理的要求，由英国皇家特许测量师学会指定的委员会编写的。

我国现行的工程量清单是依据招标文件的规定施工设计图纸、施工现场条件和国家制定的统一工程量计算规则、分部分项工程的项目划分、计量单位及其有关法定技术标准等编制的。它是制定招标控制价（工程标底）、投标报价、支付工程进度款、办理工程结算、工程合同价款调整、进行工程索赔等项工作的重要依据。

（三）工程量清单计价

工程量清单计价是指在建设工程招标投标中由招标人方面编制反映工程实体消耗和措施性消耗的工程量清单作为招标文件的组成部分提供给投标人，由投标人按照现行的工程量清单计价规范的规定及招标人提供的工程量清单的工程内容和数据，自行编制有关的综合单价自主报价确定建设工程造价的计价方式。工程量清单计价方式下的建筑安装工程造价由分部分项工程费、措施项目费、其他项目费、规费和税金组成。

综合单价,是完成规定计量单位项目所需的人工费、材料费、施工机具使用费、企业管理费、利润和一定风险费的计价标准。工程量清单计价必须采用综合单价进行。

二、现行计价规范编制的依据、原则、指导思想

工程造价的日趋市场化必然要求我们的工程计价依据、计价方法更具通用性。现行计价规范较好地顺应了这一客观要求。

(一)现行计价规范编制的依据与原则

1.计价规范的主要编制依据

(1)《建设工程工程量清单计价规范》(GB 50500-2013)。

(2)现行的各种工程计价、计量定额包括原建设部发布的工程基础定额、消耗量定额、预算定额以及各省、自治区、直辖市政行业建设主管部门发布的工程计价定额等。

(3)相关的国家或行业的技术标准、规范、规程等。

(4)近年来施工的新技术、新工艺和新材料的资料数据。

(5)在全国广泛征求和收集的关于原计价规范施行意见等。

2.计价规范的编制原则

(1)计价依据的编制原则:依法原则、权责对等原则、公平交易原则、可操作性原则、从约原则等。

(2)计量依据的编制原则:项目编码唯一性原则、项目设置简明适用原则、项目特征满足组价原则、计量单位方便计量原则、工程量计算规则统一原则等。

(二)现行计价规范编制的指导思想

计价规范编制的指导思想可具体概括为:政府宏观调控、企业自主报价、竞争形成价格、监管行之有效。

政府宏观调控是指各级政府对建设工程招标投标活动中的计价行为必须采取具体有效的手段进行规范和指导。政府宏观调控表现在两个方面:一是由政府参考国际通行做法,统一组织制定发布并在全国范围内实施新的计价规范确立工程计价标准体系,这是深化工程造价运行机制的改革的必要前提。二是由政府或政府委托的工程造价管理机构制定供编制标底及投标报价所需参考的相关工程定额,以反映社会平均水平,对市场进行宏观引导,推动技术与管理水平的不断发展和进步。企业自主报价、竞争形成价格,是让企业根据计价规范的方法与各项具体规定,按照企业自身的劳动生产率水平、经营管理能力、盈利能力以及市场行情和企业报价的相关资料,自主编制投标报价,通过市场竞争,最终确定工程造价。监管行之有效,要求工程造价管理部门适时发布有关造价政策和价格信息指数,为建设市场各方的计价、定价、调整合同价格、办理工程价格结算等项工作提供参考;同时要求工程造价管理部门加强对招、投标双方在交易中以不正当或非法手段确定价格行为的监管和处罚力度,有效制止垄断和不正当竞争,做好对造价咨询机构及人员管理的各项工作。[①]

三、现行计价、计量规范的组成

现行的计价、计量规范的国家标准包括《建设工程工程量清单计价规范》(GB 50500-2013)、《房屋建筑与装饰工程工程量计算规范》(GB 50854-2013)、《仿古建筑工程工程量计算规范》(GB 50855-2013)、《通用安装工程工程量计算规范》(GB 50856-2013)、《市政工程工程量计算规范》(GB 50857-2013)、《园林绿化工程工程量计算规范》(GB 50858-2013)、《矿山工程工程量计算规范》(GB 50859-2013)、《构筑物工程工程量计算规范》(GB 50860-2013)、《城市轨道交通工程工程量计算规范》(GB 50861-2013)、《爆破工程工程量计算规范》(GB 50862-2013)九个专业的工程量计算规范,共计十本。

---

①李英,于衡. 工程造价概论[M]. 北京:北京理工大学出版社,2016.

第二节 建设工程工程量清单计价规范的内容

《建设工程工程量清单计价规范》(GB 50500–2013)由正文和附录组成。

一、正文

正文设置16章节,有54小节,共329条。各章节主要内容如下。

1.总则

总则有7条。对计价规范制定的目的及法律依据、适用对象及范围、使用方法、建设工程发承包及实施阶段的造价构成工程造价编制与审核人员应具备的资格、建设工程施工发承包活动的原则等均做出明确规定。现行计价规范制定的目的是为规范建设工程造价计价行为,统一建设工程计价文件的编制原则和计价方法。计价规范的适用范围:适用于建设工程发承包及实施阶段的计价活动;建设工程发承包及实施阶段的造价构成,包括分部分项工程费、措施项目费、其他项目费、规费、税金。建设工程发承包及实施阶段的计价活动应遵循的原则是客观、公平、公正。

2.术语

术语有52条。分别对现行计价规范所涉及的工程量清单、招标工程量清单、已标价工程量清单、分部分项工程、措施项目、项目编码、项目特征、综合单价、风险费用、工程成本、单价合同、总价合同、成本加酬金合同、工程造价信息、工程造价指数、工程变更、不可抗力、工程设备、缺陷责任期、质量保证金、费用、利润、工程量偏差、暂列金额、暂估价、计日工、总承包服务费、安全文明施工费、施工索赔、现场签证、提前竣工(赶工)费、误期赔偿费、企业定额、规费、税金、发包人、承包人、工程造价咨询人、造价工程师、造价员、单价项目、总价项目、工程计量、工程结算、招标控制价、投标价、签约合同价、预付款、进度款、合同价款调整、竣工结算价、工程造价鉴定52个重要的技术专业用语做出明确的概念及其内涵的规定。

3.一般规定

本章4节,共计19条。分别对计价方式、发包人提供材料和工程设备、承包人提供材料和工程设备、计价风险等共同性问题进行了明确而详尽的规定。对计价方式的主要规定是:使用国有资金投资的建设工程发承包,必须采用工程量清单计价;非国有资金投资的建设工程发承包,宜采用工程量清单计价;工程量清单应采用综合单价计价;措施项目中的安全文明施工费必须按国家或省级、行业建设主管部门的规定计价,不得作为竞争性费用;规费和税金必须按国家或省级、行业建设主管部门的规定计价,不得作为竞争性费用。

对发、承包人提供材料和工程设备的主要规定是:所提供材料和工程设备的名称、品种、规格、数量、质量标准、时间、地点、要求等均应符合合同的规定;提供材料和工程设备的价格确定、提供材料和工程设备中违约的处理等均须按照合同的约定。

对计价风险的主要规定是:必须在招标文件、合同中明确计价中的风险内容及其范围;由发、承包人承担因国家法律法规和政策变化、省级或行业建设主管部门发布的人工费调整、政府定价或政府指导价管理的原材料等价格调整所导致的合同价格调整风险;由发、承包双方合理分担市场价格波动影响的合同价格变动的风险;由承包人承担因自身原因所致的施工费用增加风险;不可抗力发生引起的合同价款风险按本规范第九章第十节的规定处理。

4.工程量清单编制

本章6节,共计19条。针对招标工程量清单的编制人、招标工程量清单的组成内容、工程量清单的作用、工程量清单的编制依据等进行了一般规定,并对各项目清单的内容及其编制做了明确规定。主要规定如下。

(1)分部分项工程项目清单必须根据相关工程现行国家计量规范规定的项目编码、项目名称、项目特征、计量单位和工程量计算规则进行编制。

(2)措施项目清单应根据拟建工程的实际情况列项,必须根据相关工程现行国家计量规范的规定编制。

（3）其他项目清单应按暂列金额、暂估价、计日工、总承包服务费列项，应根据工程特点，按有关计价规定估算。

（4）规费项目清单应按社会保险费（养老保险费、失业保险费、医疗保险费、工伤保险费、生育保险费）、住房公积金、工程排污费列项计算，若出现未列项目，应按省级政府或省级有关部门的规定列项计算。

（5）税金应按营业税、城市维护建设税、教育费附加、地方教育费附加列项计算，若现未列项目，应按省级政府或省级有关部门的规定列项计算。

5.招标控制价

本章3节，共计21条。对招标控制价的编制人、审核、公布等进行了一般规定；并对招标控制价编制与复核、投诉与处理的要求、程序、方法等做了明确而详尽的规定。

使用国有资金投资的建设工程招标人必须编制招标控制价；招标控制价应由具有编制能力的招标人或受其委托具有相应资质的工程造价咨询人编制和复核。

招标控制价应按本规范规定的编制依据编制，不应上浮或下调。

投标人经复核认为招标控制价未按本规范规定编制的应在招标控制价公布后的5天内，向招标监督机构和工程造价管理机构投诉。有关单位受理投诉后，应立即对招标控制价进行复查，组织相关当事人逐一核对，10天内完成复查；若复查结论与原招标控制价的误差大于±3％时，应责成招标人改进。

6.投标报价

本章2节，共计13条。对投标报价的编制人、编制依据、编制要求、投标报价水平等进行了一般规定；并对投标价的编制依据、投标价中分部分项工程费、措施项目费、其他项目费、规费、税金包括的内容和计算与复核方法等做了明确而详尽的规定。

投标价应由投标人自主或受其委托具有相应资质的工程造价咨询人编制，且投标价不得低于工程成本，投标人报价高于招标控制价的应予废标。投标人必须按工程量清单填报价格,项目编码、项目名称、项目特征、计量单位、工程量必须与招标工程量清单一致;投标总价应当与分部分项工程项目费、措施项目费、其他项目费、规费、税金的合计金额一致。

7.合同价款的约定

本章2节,共计5条。对合同类型、适用对象、合同价款约定的时限等进行了一般规定;对发承包双方合同价款约定的具体内容、条款等做了明确而详尽的规定。工程合同价款应在中标通知书发出之日起30天内由发、承包双方依据招标文件和中标人的投标文件在书面合同中约定;实行工程量清单计价的工程,应采用单价合同;建设规模较小,难度较低,工期较短,且施工图设计已审查批准的建设工程,可采用总价合同;紧急抢险、救灾及施工技术特别复杂的建设工程可采用成本加酬金合同;发、承包双方应在合同条款中对下列事项进行约定。

(1)预付工程款的数额、支付时间及抵扣方式。

(2)安全文明施工措施费的支付计划,使用要求等。

(3)工程计量与支付工程进度款的方式、数额及时间。

(4)工程价款的调整因素、方法、程序、支付及时间。

(5)施工索赔与现场签证的程序、金额确认与支付时间。

(6)承担计价风险的内容、范围以及超出约定内容、范围的调整办法。

(7)工程竣工价款结算编制与核对、支付及时间。

(8)工程质量保证金的数额、预留方式及时间。

(9)违约责任及发生工程价款争议的解决方法及时间。

(10)与履行合同、支付价款有关的其他事项等。

8.工程计量

本章3节,共计15条。对工程计量的原则、应遵循的计量规则、工程计量的时间、工程计量的范围等进行了一般规定;对单价合同计量时的缺项、工程量偏差、因工程变更引起的工程量增减等应按承包人实际完成工程量计算,并对单价合同计量的核实、签认、争议解决等做了具体规定;总价合同计量与支付应以总价为基础,并对总价合同计量的周期、时限、核实、异议、工程量增减处理等做了具体的规定。工程量必须按照相关工程现行国家计量规范规定的工程量计算规则计算。工程计量可选择按月或按工程进度分段计量,其计量周期应在合同中约定。因承包人原因造成的超出合同工程范围,施工或返工的工程量不予计量。对单价合同的工程量必须以承包人完成合同工程应予计量的工程量确定。施工中进行工程计量,当发现招标工程量清单中出现缺项、工程量偏差或因工程变更引起工程量增减时,应按承包人在履行合同义务中完成的工程量计算。承包人应当按照合同约定的计量周期和时间向发包人提交当期已完工程量报告,发包人应在收到报告后7天内核实,否则,报告中所列工程量应视为承包人实际完成的工程量。

承包人参与工程量计量复核后,对复核计量结果仍有异议的,应按照合同约定的争议解决办法处理。采用经审定批准的施工图纸及其预算方式发包形成的总价合同,除按工程变更规定的工程量增减外,合同各项目的工程量应为承包人用于结算的最终工程量。总价合同约定的项目计量应以合同工程经审定批准的施工图纸为依据,发、承包双方应在合同中约定工程计量的形象目标或时间节点进行计量。

9.合同价款调整

本章15节,共计59条。对所有涉及合同价款调整、变动的因素或其范围做了规定,包括索赔、现场签证等内容;对引起合同价款调整的15个方面(但不限于)的具体事项,如法律法规的变化、工程变更、项目特征描述不符、工程量清单缺项、工程量偏差、物价变化、暂估价、计日工、现场签证、不可抗力、提前竣工(赶工补偿)、争议期赔偿、施工索赔、暂列金额等的提出、处理方式、方法、程序、时限、手续等做出了明确的规定。

合同价款调整时效与程序规定:出现合同价款调增、调减事项(不含工程量偏差、计日工、现场签证、索赔)后的14天内,承、发包人应向对方提交合同价款调增、调减报告并附上相关资料,否则应视为对该事项不存在调增、调减价款请求;收到报告后的14天内应核实,予以确认的应书面通知承(发)包人。当有疑问时应向承(发)包人提出协商意见,再则,应视为调增(减)事项已被认可。合同价款调整的支付规定:经发、承包双方确认调整的合同价款,作为追加(减)合同价款,应与工程进度款或结算款同期支付。

(1)法律法规变化所致的合同价款调整:招标工程以投标截止到日前28天、非招标工程以合同签订前28天为基准日,其后因国家的法规政策发生变化引起工程造价增减变化的,发、承包双方应按照省级或行业建设主管部门或其授权的工程造价管理机构据此发布的规定调整合同价款。

(2)工程变更所致的合同价款调整:已标价工程量清单项目或其工程数量变化时应按有关规定调整。承包人提出工程变更引起施工方案改变并使施工项目发生变化所致的调整,应事先将拟实施的方案提交发包人确认。

(3)项目特征描述不符所致的合同价款调整:若在合同履行期间出现设计图纸(含设计变更)与招标工程量清单任一项目的特征描述不符,且该变化引起该项目工程造价增减变化的,应按照实际施工的项目特征,按本规范相关条款的规定重新确定相应工程量清单项目的综合单价,并调整合同价款。

(4)工程量清单缺项所致的合同价款调整:履约中,因招标工程量清单中缺项,新增分部分项工程清单项目的,应按照本规范的相关规定确定单价,并调整合同价款。

(5)工程量偏差所致的合同价款调整:履约中,当应予计算的实际工程量与招标工程量清单出现偏差,且符合本规范相关规定时,发、承包双方应调整合同价款;对于任一招标工程量清单项目,当因本节规定的工程量偏差和第9.3节规定的工程变更等原因导致工程量偏差超过15%时,可进行调整。

(6)计日工所致的合同价款调整:每个支付期末,承包人应按照本规范第10.3节的规定向发包人提交本期间所有计日工记录的签证汇总表,并应说明本期间自己认为有权得到的计日工金额,调整合同价款,列入进度款支付。

(7)物价变化所致的合同价款调整:履约中因人工、材料、工程设备、机械台班价格波动影响合同价款时,应根据合同约定,按本规范附录中的方法之一调整合同价款。

(8)暂估价所致的合同价款调整:发包人在招标工程量清单中给定暂估价的材料工程设备属于依法必须招标的,应由发、承包双方以招标的方式选择供应商确定价格,并应以此取代暂估价,调整合同价款。

(9)不可抗力所致的合同价款调整:因不可抗力事件导致的人员伤亡、财产损失及其费用增加,发、承包双方应按有关原则分别承担并调整合同价款和工期。

(10)提前竣工所致的合同价款调整:发包人压缩工期不得超过定额工期的20%,超过者应在招标文件中明示增加赶工费;要求合同工程提前竣工应征得承包人同意后与承包人商定,采取加快工程进度的措施并应修订工程进度计划。发包人应承担承包人由此增加的提前竣工(赶工补偿)费。

(11)误期赔偿所致的合同价款调整:合同工程发生误期,承包人应赔偿发包人由此造成的损失,并应按照合同约定向发包人支付误期赔偿费并同时承担相应的违约责任;发、承包双方应在合同中约定误期赔偿费,并应明确每日历天赔偿的额度。误期赔偿费应列入竣工结算文件中,并应在结算款中扣除。

(12)索赔所致的合同价款调整:提出索赔时,应有正当的索赔理由和有效证据,并应符合合同的相关约定。

承包人要求赔偿时可以选择下列一项或几项方式获得赔偿:延长工期、要求支付实际发生的一切额外费用、要求支付合理的预期利润、要求按合同的约定支付违约金。提出索赔程序是:在知道索赔事件发生后28天内,向对方提交索赔意向通知书、说明索赔事件的事由(若逾期则丧失索赔的权利);在发出索赔意向通知书后28天内,向对方正式提交索赔通知书(应详细说明索赔理由和要求,并应附必要的记录和证明材料);索赔事件具有连续影响的,应继续提交延续索赔通知,说明连续影响的实际情况和记录;在索赔事件影响结束后的28天内,应向对方提交最终索赔通知书,说明最终索赔要求,并应附必要的记录和证明材料。索赔处理程序是：被索赔方收到索赔方的索赔通知书后，应及时查验其记录和证明材料；应在收到索赔通知书或有关索赔的进一步证明材料后的28天内，将索赔处理结果答复索赔方；逾期未做出答复，视为索赔要求已被认可；索赔方接受索赔处理结果的，索赔款项应作为增加的合同价款，在当期进度款中进行支付；不接受索赔处理结果的，应按合同约定的争议解决方式办理。

发、承包双方在按合同约定办理了竣工结算后，应被认为承包人已无权再提出竣工结算前所发生的任何索赔。承包人在提交的最终结清申请中，只限于提出竣工结算后的索赔，提出索赔的期限应自发、承包双方最终结清时终止。

发包人要求赔偿时可以选择下列一项或几项方式获得赔偿：延长质量缺陷修复期限；要求承包人支付实际发生的额外费用，要求承包人按合同的约定支付违约金。承包人应付给发包人的索赔金额可从拟支付给承包人的合同价款中扣除或以其他方式支付给发包人。

（13）现场签证所致的合同价款调整：承包人应发包人要求完成合同以外的零星项目、非承包人责任事件等工作的，发包人应及时以书面形式向承包人发出指令，并应提供所需的相关资料；承包人在收到指令后，应及时向发包人提出现场签证要求；现场签证工作完成后的7天内，承包人应按照现场签证内容计算价款，报送发包人确认后，作为增加合同条款，与进度款同期支付。施工中发现合同工程内容因场地条件、地质水文、发包人要求等而不同时，承包人应将所需相关资料提交发包人签证认可，作为合同价款调整的依据。

（14）暂列金额所致的合同价款调整：已签约合同价中的暂列金额应由发包人掌握使用；发包人按照本规定的规定支付后，暂列金额余额归发包人所有。

10.合同价款期中支付

本章3节，共计24条。分别对预付款、安全文明施工费、进度款、总承包服务费等包括的内容、期中支付的计算方法、期中支付的程序和时限异议的处理等方面的重要问题做了明确而详尽的规定。

（1）预付款的支付：包工包料工程的预付款的支付比例不得低于签约合同价（扣除暂列金额）的10%，不宜高于签约合同价（扣除暂列金额）的30%；发包人在预付款期满后的7天内仍未支付的承包人可在付款期满后的第8天起暂停施工。发包人应承担由此增加的费用和延误的工期，并应向承包人支付合理利润；预付款应从每一个支付期支付给承包人的工程进度款中扣回，直到扣回的金额达到合同约定的预付款金额为止；承包人的预付款保函的担保金额根据预付款扣回的数额相应递减，但在预付款全部扣回之前一直保持有效。发包人应在预付款扣完后的14天内将预付款保函退还给承包人。

（2）安全文明施工费的支付：发包人应在工程开工后的28天内预付不低于当年施工进度计划的安全文明施工费总额的60%，其余部分应按照提前安排的原则进行分解并应与进度款同期支付；发包人在付款期满后的7天内仍未支付的，若发生安全事故，发包人应承担相应责任。承包人对安全文明施工费应专款专用，在财务账目中应单独列项备查，不得挪作他用，否则发包人有权要求其限期改正；逾期未改正的，造成的损失和延误的工期应由承包人承担。

（3）进度款的支付：发、承包双方应按照合同约定的时间、程序和方法，根据工程计量结果，办理期中价款结算，支付进度款；进度款支付周期应与合同约定的工程计量周期一致；已标价工程量清单中的单价项目，承包人应按工程计量确认的工程量与综合单价计算；综合单价发生调整的，以发、承包双方确认调整的综合单价计算进度款；进度款的支付比例按照合同约定，按期中结算价款总额计，不低于60%，不高于90%；承包人应在每个计量周期到期后的7天内向发包人提交已完工程进度款支付申请一式四份，详细说明此周期认为有权得到的进度款金额，包括分包人已完工程的价款；发包人应在签发进度款支付证书后的14天内，按照支付证书列明的金额向承包人支付进度款；发现已签发的任何支付证书有错、漏或重复的数额，发包人有权予以修正，承包人也有权提出修正申请。经发、承包双方复核同意修正的，应在本次到期的进度款中支付或扣除。

11.竣工结算与支付

本章6节,共计35条。对竣工结算及竣工结算文件的内容、审核、复核、签认、异议处理、结算文件的提交、办理时限等进行了详细规定;并对结算款的支付、质量保证(修)金、最终结清的方法、程序、时限、手续等做了明确而详尽的规定。关于竣工结算及其办理:发、承包双方在合同工程实施过程中已经确认的工程计量结果和合同价款在结算办理中应直接进入结算;合同工程完工后,承包人应在经发、承包双方确认的合同工程期中价款结算的基础上汇总编制完成竣工结算文件,并应在提交竣工验收申请的同时向发包人提交竣工结算文件,发包人在收到承包人竣工结算文件后的28天内不核对竣工结算或未提出核对意见的,应视为承包人提交的竣工结算文件已被发包人认可,竣工结算办理完毕;承包人在收到发包人提出的核实意见后的28天内,不确认也未提出异议的,应视为发包人提出的核实意见已被承包人认可,竣工结算办理完毕。

关于质量保证金:发包人应按合同约定的质量保证金比例从结算款中预留质量保证金;在合同约定的缺陷责任期终止后,发包人应按照本规范的有关规定,将剩余的质量保证金返还给承包人。

关于最终结清:缺陷责任期终止后承包人应按照合同约定向发包人提交最终结清支付申请;发包人应在收到最终结清支付申请后的14天内予以核实,并应向承包人签发最终结清支付证书,在签发最终结清支付证书后的14天内,按照最终结清支付证书列明的金额向承包人支付最终结清款。对最终结清款有异议,应按合同约定的争议解决方式处理。

12.合同解除的价款结算与支付

合同解除的价款结算与支付中,分别对双方协商一致解除合同、不可抗力所致解除合同、承包方违约所致解除合同、发包方违约所致解除合同的价款结算与支付的内容、方法、程序及争议的处理等方面的重要问题做了明确而详尽的规定。

(1)发、承包双方协商一致解除合同的,应按照达成的协议办理结算和支付合同价款。

(2)由于不可抗力致使合同无法履行解除合同的,发包人应向承包人支付合同解除之日前已完成工程但尚未支付的合同价款。此外,还应支付下列按规定应由发包人承担的费用:已实施或部分实施的措施项目应付价款、承包人为合同工程合理订购且已交付的材料和工程设备货款、承包人撤离现场所需的合理费用包括员工遣送费和临时工程拆除、施工设备运离现场的费用等。

(3)因承包人违约解除合同的,发包人应暂停向承包人支付任何价款。发包人应在合同解除后28天内,核实合同解除时承包人已完成的全部合同价款以及按施工进度计划已运至现场的材料和工程设备货款,按合同约定核算承包人应支付的违约金、造成损失的索赔金额并将结果通知承包人,发、承包双方应在28天内予以确认或提出意见,并办理结算合同价款;如果发包人应扣除的金额超过了应支付的金额,承包人应在合同解除后的56天内将其差额退还给发包人。发、承包双方不能就解除合同后的结算达成一致意见的,须按照合同约定的争议解决方式处理。

(4)因发包人违约解除合同的,发包人除应按照本规范的有关规定向承包人支付各项价款外,应按合同约定核算发包人应支付的违约金及给承包人造成损失或损害的索赔金额费用。该笔费用应由承包人提出,发包人核实后应在与承包人协商确定后的7天内向承包人签发支付证书。协商不能达成一致的应按照合同约定的争议解决方式处理。

13.合同价款争议的解决

本章5节,共计19条。就价款争议事项分别对监理或造价工程师暂定、管理机构的解释或认定的范围、方式、程序等重要问题进行规定。

(1)监理或造价工程师暂定:合同双方就工程质量、进度、价款支付与扣除、工期延期、索赔、价款调整等发生任何法律上、经济上或技术上的争议,首先应根据已签约合同的规定,提交合同约定职责范围内的总监理工程师或造价工程师解决,并应抄送另一方。总监理工程师或造价工程师在收件后14天内,应将暂定结果通知双方。

若双方对暂定结果认可,应以书面形式予以确认,暂定结果成为最终决定;发、承包双方在收到暂定结果通知后的14天内,未对暂定结果表态,应视为双方已认可该暂定结果;双方或一方不同意暂定结果的,应以书面形式向总监理工程师或造价工程师提出该暂定结果成为争议。在暂定结果对双方履约不产生实质影响的前提下,应实施该结果直至按双方认可的争议解决办法被改变为止。

(2)管理机构的解释或认定:合同价款争议发生后,发、承包双方可就工程计价依据的争议以书面形式提请工程造价管理机构对争议以书面文件进行解释或认定;解释或认定的时限为收到申请的10个工作日内,双方或一方在收到工程造价管理机构书面解释或认定后仍可按照合同约定的争议解决方式提请仲裁或诉讼。除工程造价管理机构的上级管理部门做出了不同的解释或认定或在仲裁裁决或法院判决中不予采信之外,工程造价管理机构做出的书面解释或认定应为最终结果并应对发、承包双方均有约束力。

(3)合同价款争议的解决程序:应按友好协商、调解、仲裁、诉讼的程序解决争议。

14.工程造价鉴定

本章3节,共计19条。对造价鉴定的委托、回避、取证、质询、鉴定等事项做出规定。

(1)工程造价鉴定的委托:在工程合同纠纷案件处理中,需做工程造价司法鉴定的,应委托具有相应资质的工程造价咨询人进行;工程造价咨询人接受委托提供工程造价司法鉴定服务应按仲裁、诉讼程序和要求进行,并应符合国家关于司法鉴定的规定。

(2)工程造价鉴定的回避:接受工程造价司法鉴定委托的工程造价咨询人或造价工程师,如是当事人的近亲属或代理人、咨询人及其他关系可能影响鉴定公正的,必须回避。

(3)工程造价鉴定的取证:工程造价咨询人进行工程造价鉴定工作时,应自行收集必需的相关鉴定资料;工程造价咨询人收集鉴定项目的鉴定依据时应向鉴定项目委托人提出具体书面要求,根据鉴定工作需要现场勘验的工程造价咨询人应提请鉴定项目委托人组织各方当事人对被鉴定项目所涉及的实物标的进行现场勘验,并制作勘验记录、笔录或勘验图表记录勘验的时间、地点、勘验人、在场人、勘验经过、结果,由勘验人、在场人签名或者盖章确认,必要时应采取拍照或摄像取证,留下影像资料。

(4)工程造价的鉴定:工程造价咨询人在鉴定项目合同有效的情况下,应根据合同约定进行鉴定。在鉴定项目合同无效或合同条款约定不明确的情况下应根据法律法规、相关国家标准和本规范的规定,选择相应专业工程的计价依据和方法进行鉴定;出具正式鉴定意见书之前,可报请鉴定项目委托人向鉴定项目各方当事人发出鉴定意见书征求意见稿,并指明应书面答复的期限及其不答复的相应法律责任,收到各方当事人对鉴定意见书征求意见稿的书面复函后,应对不同意见认真复核,修改完善后再出具正式鉴定意见书;对于已经出具的正式鉴定意见书中有部分缺陷的鉴定结论,工程造价咨询人应通过补充鉴定做出补充结论。

15.工程计价资料与档案

本章2节,共计13条。分别对工程计价资料、计价档案的内容、形式、提交与接手的手续和时限、签认、管理等各方面的重要问题做了明确而详尽的规定。发、承包双方应当在合同中约定各自在合同工程中现场管理人员的职责范围,双方现场管理人员在职责范围内签字确认的书面文件是工程计价的有效凭证,有其他有效证据或经实证证明其是虚假的除外。发、承包双方不论在何种场合对与工程计价有关的事项所给予的批准、证明、同意、指令、商定、确定、确认、通知和请求或表示同意、否定、提出要求和意见等,均应采用书面形式,口头指令不得作为计价凭证;双方分别向对方发出的任何书面文件均应将其抄送现场管理人员,如系复印件应加盖合同工程管理机构印章证明与原件相同。双方现场管理人员向对方所发任何书面文件,也应将其复印件发送给发、承包双方,复印件应加盖合同工程管理机构印章,证明与原件相同,双方均应及时签收对方送达的文件。发、承包双方及工程造价咨询人对具有保存价值的各种载体的计价文件,均应收集齐全,整理立卷后归档;发、承包双方和工程造价咨询人应建立完善的工程计价档案管理制度,并应符合国家和有关部门发布的档案管理相关规定;工程造价咨询人归档的计价文件,保存期不宜少于5年,且归档的工程计价成果文件应包括纸质原件和电子文件,其他归档文件及依据可为纸质原件、复印件或电子文件;归档文件应经过分类整理,并应组成符合要求的案卷;向接受单位移交档案时应编制移交清单,双方签字、盖章后方可交接。[①]

16.工程计价表格

工程计价表格中共有6条。对工程计价表的种类及其格式进行明确而详尽的规定。

(1)封面。

(2)总说明表。总说明应按下列内容填写:①工程概况。建设规模、工程特征、计划工期、合同工期、实际工期、施工现场及变化情况、施工组织设计的特点、自然地理条件、环境保护要求等。②工程指标和专业工程发包范围。③工程量清单编制依据等。④工程质量、材料、施工等的特殊要求。⑤其他需要说明的问题。

(3)汇总表:工程项目招标控制价(投标报价)汇总表、单项工程招标控制价(投标报价)汇总表、单位工程招标控制价(投标报价)汇总表、工程项目竣工结算汇总表、单项工程竣工结算汇总表、单位工程竣工结算汇总表。

(4)分部分项工程量清单表:分部分项工程量清单与计价表、工程量清单综合单价分析表。

(5)措施项目清单表:措施项目清单与计价表(一)、措施项目清单与计价表(二)。

(6)其他项目清单表:其他项目清单与计价表、暂列金额明细表、材料(工程设备)暂估单价表、专业工程暂估价表、计日工表、总承包服务费计价表、索赔与现场签证计价汇总表、费用索赔申请(核准)表、现场签证表。

(7)规费、税金项目清单与计价表。

(8)工程款支付申请(核准)表:由共计八类工程计价表组成。

---

①黄汉江. 现代建设工程与造价[M]. 上海:立信会计出版社,2003.

另一方面,对上述各种表格的填写编制、适用对象等也进行了明确而详尽的规定。

二、附录

附录包括以下内容。

附录A 物价变化合同价款调整方法

该部分总结了国内工程合同价款调整的实践经验,将物价变化的合同价款调整方法分为价格指数调整价格差额、造价信息调整价格差额两大类,与国家发展和改革委员会等九部委发布的56号令中的《通用合同条款》16.1物价波动引起的价格调整中规定的物价波动引起的价格调整方式保持一致,是目前国内使用最普遍的调整方法。

附录B 工程计价文件封面

附录C 工程计价文件扉页

附录D 工程计价总说明

附录E 工程计价汇总表

附录F 分部分项工程和单价措施项目清单与计价表

附录G 其他项目计价表

附录H 规费、税金项目计价表

附录J 工程计量申请(核准)表

附录K 合同价款支付(核准)申请表

附录L 主要材料、工程设备一览表

第三节 工程量清单的编制原理

工程量清单的编制要依据招标文件的发包范围、所选用的合同条件、施工图设计文件和施工现场实际情况。本节详细介绍工程量清单的编制原理。

一、分部分项工程量清单的编制

分部分项工程量清单应表明拟建工程的全部实体工程名称和相应数量,编制时应避免错量、错项、漏项。

（一）分部分项工程量清单描述的内容及顺序

按照工程量清单计价规范和工程量计算规范的规定,工程量清单分部分项工程项目的每个分项必须描述:项目编码、项目名称、项目特征、计量单位和工程量。这是构成一个分部分项工程项目清单的5个要件,缺一不可。

分部分项工程项目清单必须根据相关工程现行国家计量规范规定的项目编码、项目名称、项目特征、计量单位和工程量计算规则进行编制。

编制工程量清单出现工程量计算规范附录中未包括的项目（适用于分部分项工程项目,也适用措施项目及其他项目）,编制人应做补充,并报省级或行业工程造价管理机构备案,省级或行业工程造价管理机构应汇总报住房和城乡建设部标准定额研究所。补充的工程量清单需附有补充项目的名称、项目特征、计量单位、工程量计算规则、工作内容。

编制房建工程工程量清单,具体分项一般按房建计算规范中所列的基本项分列。对于清单项目所含内容太多的,也可以拆开列项,但一般是在各专业工程量计算规范附录中能够找出拆开后的相应项目。

分部分项工程分解要遵循一定的顺序。项目分解顺序有:按设计图前后顺序进行分解、按工程量计算规范附录列项前后顺序进行分解、按施工先后顺序进行分解。一般而言,对于实践经验较少的人员,选择按工程量计算规范附录前后顺序进行分解比较保险,不容易出现漏项、重项。

（二）项目编码

分部分项工程量清单的项目编码为12位数字,1~9位应按规范附录的规定设置,10~12位是清单项目名称编码,应由编制人根据拟建工程的工程量清单项目名称和项目特征设置,同一招标工程的项目编码不得有重码。若一个项目仅使用一次,其编码为xxxxxxxxx001,若使用多次,应按该项目在清单中出现的顺序分别编号为xxxxxxxxx001、xxxxxxxxx002等。

补充项目的编码由各专业计量规范的代码(如房建工程01)与B和3位阿拉伯数字组成,并应从xxB001起按顺序编制,同一招标工程的项目不得重码。

(三)项目名称

分部分项工程量清单项目名称应按附录的项目名称结合拟建工程的实际确定。其设置应考虑三个因素:①计算规范附录中的项目名称。②计算规范附录中的项目特征。③拟建工程的实际情况。

分部分项工程量清单项目的设置或划分是以形成可交付的工程实体为原则的,它是计量的前提。因此,具体清单项目的项目名称均以可交付的工程实体命名。工程量清单编制时,以计算规范附录中的项目名称为主体,考虑该项目的规格、型号、材质等特征要求,结合拟建工程的实际情况,使其工程量清单项目名称具体化、细化,能够反映影响工程造价的主要因素。

(四)项目特征

项目特征是对项目的准确描述,是用来表述项目名称的实质内容、用于区别规范中同一清单项目条目下各具体的清单项目,便于准确组价。在工程量清单中必须按计算规范附录中规定的项目特征,结合拟建工程项目的实际,全面、准确描述,这是规范的强制性要求。项目特征的描述,应根据计算规范,结合技术规范、标准图集、施工图,再结合实际情况,按照工程结构、使用材质及规格或安装位置等,用文字予以详细而准确地表述和说明。对于用文字难以准确、全面地描述清楚的项目特征,采用标准图集或施工图能够全面或部分满足项目特征描述的要求的,可以直接采用详见xx图集或xx图号及节点大样等方式,以减少对设计理解的不一致。应引起注意的是,不能因"工作内容"中包括的工序名称与"项目特征"要求描述的内容相同,就省去"项目特征"的具体描述,这样将被视为清单项目特征漏项,而可能在施工中引起索赔。

计算规范中所列的项目特征是一些主要的特征,具体编制清单时编制人可以根据实际需要裁剪,计算规范的项目特征中未描述到的其他独有特征,由清单编制人视项目具体情况编制,目的是方便报价。

(五)计量单位

分部分项工程量清单的计量单位应按计算规范附录中规定的计量单位确定。附录中有两个或两个以上计量单位的,应结合拟建项目的实际选择其中一个最适宜、最方便的确定。同一项目的计量单位应一致。

(六)工程数量

工程数量是按计算规范附录中规定的工程量计算规则计算出来的,工程量计算是编制阶段的重要工作之一。除另有说明外,所有清单项目的工程量应以可交付的实体工程量为准,并以图示的净值计算;投标人投标报价时,需要在单价中考虑施工中的各种损耗和需要增加的工程量。

二、措施项目清单的编制

措施项目清单是描述发生于工程施工准备和施工过程中的技术、生活、安全、环境保护等方面项目(一般是非工程实体的项目)的项目名称和相应数量的明细清单。

(一)措施项目清单的概念与类型

根据自身特点,措施项目可以分成需要计算工程量的项目(清单计价规范称为单价项目)和不需要计算工程量的项目(清单计价规范称为总价项目)两种类型。为此,规范把"措施项目"分成两大类,分别列于各专业工程计算规范的附录中。单价措施项目,指工程量清单中以单价计价的措施项目,即根据合同工程图和相关工程现行国家计量规范规定的工程量计算规则进行计量,与已标价工程量清单相应综合单价进行价款计算的措施项目。这类措施项目在规范附录中列出了项目编码、项目名称、项目特征、计量单位和工程量计算规则,这类项目往往属于有助于工程项目实体形成而采取的施工技术措施项目,如脚手架、混凝土模板及支架等;而总价措施项目,指工程量清单中以总价计价的措施项目,即此类项目在现行国家计量规范中无工程量计算规则,以总价(或计算基础乘费率)计算的措施项目。这类措施项目在计算规范的附录中仅列出项目编码、项目名称,未列出项目特征、计量单位和工程量计算规则。这类项目多属于施工组织措施项目,如安全文明施工、冬雨季施工等。

(二)措施项目与分部分项工程项目的关系

房建计算规范现浇混凝土工程项目"工作内容"中包括模板工程的内容,同时又在措施项目中单列了现浇混凝土模板工程项目。对此,招标人应根据工程实际情况选用,若招标人在措施项目清单中未编列现浇混凝土模板项目清单,即表示现浇混凝土模板项目不单列,现浇混凝土工程项目的综合单价中应包括模板工程费用。房建计算规范对预制混凝土构件按现场制作编制项目"工作内容"中包括模板工程,不再另列。若采用成品预制混凝土构件时,构件成品价(包括模板、钢筋、混凝土等所有费用)应计入综合单价中。

(三)措施项目清单的列项

措施项目清单表明了为完成实体工程而必须采取的一些措施性工作,编制时要力求全面。措施项目清单根据拟建工程的具体情况,按照规范给出的项目列项,出现规范未列的项目,编制人可做补充,处理办法与分部分项工程项目的补充一样。同时,对于补充的不能计量的措施项目,需附有补充项目的名称、工作内容及包含范围。措施项目清单的编制,应考虑多种因素,除工程本身的因素外,还涉及水文、气象、环境、安全等和施工企业的实际情况。编制工程量清单时,单价措施项目应采用分部分项工程项目清单的方式编制;总价措施项目应按规范附录中所列的措施项目编码、项目名称确定,以"项"为计量单位,相应数量为"1",不需明确列出。

(四)措施项目列项的注意事项

措施项目清单设置时,为了确保列项全面,需要重点注意如下问题。

1.参考拟建工程的施工组织设计,以确定安全文明施工、二次搬运、地上地下设施建筑物的临时保护措施、已完工程及设备保护等项目。

2.参阅施工技术方案,以确定夜间施工、非夜间施工照明、垂直运输、冬雨季施工、混凝土模板、脚手架、大型机械设备进出场及安拆、排水、降水等项目。

3.参阅相关的施工规范与工程验收规范，以确定施工技术方案没有表述的，但又为了实现施工规范与工程验收规范要求而必须发生的技术措施。确定招标文件中提出的某些必须通过一定的技术措施才能实现的要求。

4.确定设计文件中一些不足以写进技术方案的，但是要通过一定的技术措施才能实现的内容。

三、其他项目清单的编制

其他项目清单是描述除了分部分项工程量清单、措施项目清单以及规费、税金项目清单包括的内容之外，因招标人的特殊要求而发生的与拟建工程有关的其他费用项目和相应数量的明细清单。

（一）其他项目清单的列项

工程建设标准的高低、工程的复杂程度、施工工期的长短等都直接影响其他项目清单的具体内容。清单计价规范仅提供了四项内容作为列项参考，其不足部分，编制人可根据拟建工程的具体情况进行补充。规范提示的项目包括暂列金额、暂估价、计日工、总承包服务费。

（二）暂列金额

暂列金额（2003年版清单计价规范中称为预留金）是招标人在工程量清单中暂定并包括在合同价款中的一笔款项，用于工程合同签订时尚未确定或者不可预见的所需材料、工程设备、服务的采购，施工中可能发生的工程变更、合同约定调整因素出现时的合同价款调整以及发生的索赔、现场签证确认等的费用；是招标人在工程量清单中为应对工程实施中一些不确定因素对工程造价的影响而预先准备的、由发包人支配的一笔备用款项。暂列金额的最大特点是该项费用是否发生，发生多少，需要到合同履行结束才能准确确定，并且需要发、承包双方认可。编制工程量清单时，暂列金额应根据工程特点、工程的复杂程度、设计深度、工程环境条件（包括地质、水文、气候条件等），按有关计价规定估算。一般可按分部分项工程费和措施项目费之和的10%～15%为参考。

（三）暂估价

暂估价是招标人在工程量清单中提供的用于支付必然发生但暂时不能确定价格的材料、工程设备的单价以及专业工程的金额，包括材料暂估单价、工程设备暂估单价、专业工程暂估价。暂估价是在招标阶段预见的肯定要发生的内容，因为标准不明或者需要由专业承包人完成，所以暂时无法确定其价格或金额。

暂估价中的材料、工程设备暂估单价应根据工程造价信息或参照市场价格估算，列出明细表；专业工程暂估价应分不同专业，按有关计价规定估算，列出明细表。

（四）计日工

计日工（2003 年版清单计价规范中称为零星工作项目费）是在施工过程中，承包人完成发包人提出的工程合同范围以外的零星项目或工作，按合同中约定的单价计价的一种方式。类似于定额计价中的签证记工。计日工为额外工作和变更的计价提供了一个方便的途径。

编制工程量清单时，计日工应列出项目名称、计量单位和暂估数量。计日工表中的暂估数量需要根据经验估算一个比较贴近实际的数量。这样有利于承包人进行有效的竞争，并最终获得一个合理的计日工单价。

（五）总承包服务费

总承包服务费是总承包人为配合协调发包人进行的工程分包，自行采购的设备、材料等进行管理、服务以及施工现场管理、竣工资料汇总整理等服务所需的费用。承包人进行的专业分包或劳务分包不在此列。

编制工程量清单时，总承包服务费应列出服务项目及其内容等。

四、工程量清单的发布与澄清

按照相关规定，招标人需要对招标文件进行发布，投标人需要对工程量清单进行复核，招标人可以对工程量清单进行自主澄清或修改。工程量清单的发布与澄清主要包括以下内容。

（一）工程量清单的发布

招标工程量清单是招标文件的必然组成部分，需要与招标文件的其他部分一起发售给投标人。按照相关的法律规定，招标人应当按照招标公告或者投标邀请书规定的时间、地点发售招标文件。招标文件的发售期不得少于5日。

（二）投标人对工程量清单的复核

《房屋建筑和市政工程标准施工招标文件》（2010年版）中明确要求：投标人应对招标人提供的工程量清单进行认真细致的复核。这种复核包括对招标人提供的工程量清单中的子目编码、子目名称、子目特征描述、计量单位、工程量的准确性以及可能存在的任何书写、打印错误进行检查和复核，特别是对"分部分项工程量清单与计价表"中每个工作子目的工程量进行重新计算和校核。如果投标人经过检查和复核以后认为招标人提供的工程量清单存在差异，则投标人应将此类差异的详细情况连同按投标人须知规定提交的要求招标人澄清的其他问题一起提交给招标人，招标人将根据实际情况决定是否颁发工程量清单的补充和（或）修改文件。

（三）工程量清单的澄清与修改

按照法律规定，已经发出的招标文件，招标人可以出于任何理由，主动地或者根据投标人的要求，对一些条款表述不清或者容易产生误解的内容，甚至涉及实质性内容的错误，在法定的时间里进行澄清或者修改。

对工程量清单的澄清与修改，是由招标人自主做出的。如招标人在检查投标人提交的工程量差异问题后认为没有必要对工程量清单进行补充和（或）修改，或者招标人对工程量清单进行了补充和（或）修改，但投标人认为工程量清单中的工程量依然存在差异，则此类差异不再提交招标人答疑和修正，而是直接按招标人提供的工程量清单（包括招标人可能的补充或修改）进行投标报价。投标人在按照工程量清单进行报价时，除按照要求对招标人提供的措施项目清单的内容进行细化或增减外，不得改变（包括对工程量清单子目的子目名称、子目特征描述、计量单位以及工程量的任何修改、增加或减少)招标人提供的分部分项工程量清单和其他项目清单。即使按照工程设计图和招标范围的约定并不存在的子目,只要在招标人提供的分部分项工程量清单中已经列明,投标人都需要对其报价,并纳入投标总价的计算。[1]

---

[1]张珂峰. 建筑工程造价案例分析及造价软件应用[M]. 南京:东南大学出版社,2010.

第四章 建设项目决策阶段工程造价的管理

工程造价的确定与控制贯穿于项目建设全过程,但决策阶段各项技术经济决策,对该项目的工程造价有重大影响,特别是建设标准水平的确定、建设地点的选择、工艺的评选、设备选用等,直接关系到工程造价的高低。据有关资料统计,在项目建设各阶段中,投资决策阶段影响工程造价的程度最高,即达到80%~90%。因此,决策阶段是决定工程造价的基础阶段,直接影响着决策阶段之后的各个建设阶段工程造价的确定与控制是否科学、合理的问题。

第一节 建设项目可行性研究

建设项目决策过程中的主要工作内容之一是编制可行性研究报告,而该报告中投资估算的精度更是达到了±10%。在这一阶段,往往要进行详尽的经济评价,决定建设项目可行性,并以此作为选择最佳投资方案和控制初步设计及概算的依据,重要性不言而喻。

一、可行性研究概述

在项目投资决策之前,通过做好可行性研究,使项目的投资决策工作建立在科学性和可靠性的基础之上,从而实现项目投资决策科学化,减少和避免投资决策的失误,提高项目投资的经济效益。

(一)可行性研究的概念

可行性研究是指对某工程项目在做出是否投资的决策之前,先对与该项目有关的技术、经济、社会、环境等所有方面进行调查研究,对项目各种可能的拟建方案认真地进行技术经济分析论证,研究项目在技术上的先进实用性、在经济上的合理有利性和建设的可能性,对项目建成投产后的经济效益、社会效益、环境效益等进行科学的预测和评价,据此提出该项目是否应该投资建设以及选定最佳投资建设方案等结论性意见,为项目投资决策部门提供进行决策的依据。

可行性研究广泛应用于新建、改建和扩建项目。基本建设前期工作对于建设项目的成败有着至关重要的作用,许多建设项目的失败究其原因都是前期工作没有做好,仓促上马所致。

(二)可行性研究的核心

建设项目可行性研究的基本内容涉及拟建项目在技术上的可行性、经济上的合理性、社会上的可接受性。技术上的可行性是建设项目取得一定经济效果的前提和保证,涉及拟建项目的厂址选择、生产规模、工艺技术方案、产品规格数量及所需机器设备的选定以及原材料、动力、运输等因素的考虑。经济上的合理性涉及产品或劳务的供求预测估算,产品价格策略及销售渠道,项目建设及营运的组织结构及进度方案,预测项目营运的获利能力、债务偿还能力、生产增长能力、承担风险的程度等,还必须制定项目资金的最佳运用方案。而社会上的可接受性包括项目对环境的影响、项目营运效益的社会分配、是否符合国家有关方针政策等,是否以最大国民福利为目标,综合考虑社会生活、社会结构、社会环境等因素影响。

可行性研究的核心内容是经济评价。建设项目经济评价,主要是指在项目决策阶段的可行性研究和评估中,采用现代经济分析方法,对拟建项目计算期(建设期和生产经营期)内投入产出的诸多经济因素进行调查、预测、研究、计算和论证,比较、选择和推荐最佳方案的过程。

建设项目经济评价是项目可行性研究的有机组成部分和重要内容,是项目决策科学化的重要手段。经济评价的目的是根据国民经济和社会发展战略和行业、地区发展规划的要求,在做好市场需求预测及厂址选择、工艺技术选择等工程技术研究的基础上,计算项目的效益和费用,通过多方案比较,对拟建项目的财务可行性和经济合理性进行分析论证,做出全面的经济评价,为项目的科学决策提供依据。

按我国现行评价制度,建设项目经济评价分为财务评价和国民经济评价两个层次。财务评价是在国家财税制度和价格体系条件下,从项目财务角度分析、计算项目的财务盈利能力和偿债能力,以判断项目的财务可行性。国民经济评价是从国家整体角度出发分析、计算项目对国民经济的净贡献,以判断项目经济的合理性。一般情况下,应以国民经济评价结论作为项目取舍的主要依据。

(三)可行性研究的阶段划分

可行性研究工作是一个由粗到细的分析过程,主要包括四个阶段:机会研究、初步可行性研究、详细可行性研究、评价和决策阶段。各个研究阶段的性质、要求、内容以及所需费用和时间各不相同,其研究的深度和可靠程度也不同。可行性研究工作由建设部门或建设单位委托设计单位或工程咨询公司承担。

二、可行性研究报告的编制

可行性研究报告的编制有相对明确的要求和相对固定的程序。

(一)可行性研究报告的编制要求

1.应能充分反映项目可行性研究工作的成果,内容齐全,结论明确,数据准确,论据充分,满足决策者确定方案与项目的要求。

2.选用主要设备的规格、参数应能满足订货的要求,引进的技术设备资料应能满足合同谈判的要求。

3.报告中的重大技术、经济方案应有两个以上的方案比选。

4.确定的主要工程技术数据,应能满足项目初步设计的要求。

5.融资方案应能满足银行等金融部门信贷决策的需要。

6.反映在可行性研究中出现的某些方案的重大分歧及未被采纳的理由,以供委托单位与投资者权衡利弊进行决策。

7.应附有评估、决策(审批)所必需的合同、协议、意向书和政府批件等。

(二)可行性研究的编制程序

1.筹划准备

项目建议书被批准后,建设单位即可组织或委托有资质的工程咨询单位对拟建项目进行可行性研究。双方应当签订合同协议,协议中应明确规定可行性研究的工作范围、目标、前提条件、进度安排、费用支付方法和协作方式等内容。建设单位应当提供项目建议书和项目有关的背景材料、基本参数等资料,协调、检查监督可行性研究工作。可行性研究的承担者在接受委托时,应了解委托者的目标、意见和具体的要求,收集与项目有关的基础资料、基本参数、技术标准等基准依据。

2.调查研究

调查研究包括市场、技术和经济三方面的内容。如市场需求与市场机会、产品选择、需要量、价格与市场竞争;工艺路线与设备选择;原材料、能源动力供应与运输;建厂地址、地点、场址的选择;建设条件与生产条件等。对这些方面都要做深入地调查,全面地收集资料,并进行详细分析研究和评价。

3.方案的制定和选择

这是可行性研究的一个重要步骤。在充分的调查研究的基础上制定出技术方案和建设方案,经过分析比较,选出最佳方案。在这个过程中,有时需要进行专题性辅助研究,有时要把不同的方案进行组合,设计成若干个可供选择的方案。这些方案包括产品方案、生产经济规模、工艺流程、设备选型、车间组成、组织机构和人员配备等方案。

4.深入研究

对选出的方案进行详细的研究,重点是在对选定的方案进行财务预测的基础上,进行项目的财务效益分析和国民经济分析。在估算和预测工程项目的总投资、总成本费用、销售税金及附加、销售收入和利润的基础上,进行项目的盈利能力分析、清偿能力分析、费用效益分析和敏感性分析、盈亏分析、风险分析,确保论证项目在经济上的合理性。

5.编制可行性研究报告

编制可行性研究报告是建立在对工程项目进行技术分析论证后,证明项目建设的必要性、实现条件的可能性、技术上的先进性和经济上的合理性的基础上进行的,推荐一个或一个以上的项目建设做方案和实施计划,提出结论性意见和重大措施建议供决策单位作为决策的依据。[①]

三、可行性研究报告的内容

可行性研究报告包括以下内容。

1.总论

主要说明项目提出的背景、概况、问题及建议。

2.市场分析

市场分析包括市场调查和市场预测,是可行性研究的重要环节。其内容包括:市场现状调查;产品供需预测;价格预测;竞争力分析;市场风险分析。

3.资源条件评价

主要内容有:资源可利用量;资源品质情况;资源赋存条件;资源开发价值。

4.建设规模与产品方案

主要内容有:建设规模与产品方案构成;建设规模与产品方案比选;推荐的建设规模与产品方案;技术改造项目与原有设施利用情况等。

5.场(厂)址选择

主要内容有:场址现状;场址方案比选;推荐的场址方案;技术改造项目当前场址的利用情况。

6.技术方案、设备方案和工程方案

主要内容包括:技术方案选择;主要设备方案选择;工程方案选择;技术改造项目改造前后的比较。

7.原材料、燃料供应

主要内容包括:主要原材料供应方案;燃料供应方案。

8.总图运输与公用辅助工程

主要内容包括:总图布置方案;场内外运输方案;公用工程与辅助工程方案;技术改造项目现有公用辅助设施利用情况。

---

①陈建国. 工程计量与造价管理[M]. 上海:同济大学出版社,2001.

9. 节能措施

主要内容包括:节能措施;能耗指标分析。

10. 节水设施

主要内容包括:节水措施;水耗指标分析。

11. 环境影响评价

主要内容包括:环境条件调查;影响环境因素分析;环境保护措施。

12. 劳动安全卫生与消防

主要内容包括:危险因素与危害因素分析;安全防范措施;卫生保健措施;消防措施。

13. 组织机构与人力资源配置

主要内容包括:组织机构设置及其适应性;分析人力资源配置;员工培训。

14. 项目实施进度

主要内容包括:建设工期;实施进度安排;技术改造项目建设与生产的衔接。

15. 投资估算

主要内容包括:建设投资估算;流动资金估算;投资估算表。

16. 融资方案

主要内容包括:融资组织形式;资本金筹措;债务资金筹措;融资方案分析。

17. 财务评价

主要内容包括:财务评价基础数据与参数选取;销售收入与成本费用估算;财务评价报表;盈利能力分析;偿债能力分析;不确定性分析;财务评价结论。

18. 国民经济评价

主要内容包括:影子价格及评价参数选取;效益费用范围与数值调整;国民经济评价报表;国民经济评价指标;国民经济评价结论。

19. 社会分析

主要内容包括:项目对社会影响分析;项目与所在地互适性分析;社会风险分析;社会评价结论。

20.风险分析

主要内容包括：项目主要风险识别；风险程度分析；防范风险对策。

21.研究结论与建议

运用各项数据，从技术、经济、社会、财务等各个方面综合论述项目的可行性，推荐一个或几个方案供决策参考，指出项目存在的问题以及结论性建议和改进意见。主要内容包括：推荐方案总体描述；推荐方案优缺点描述；主要对比方案；结论与建议。

第二节 建设项目投资估算

编制投资估算是工程造价管理人员在建设项目决策阶段的主要工作内容，涉及项目规划、项目建议书、初步可行性研究、详细可行性研究等阶段，是项目决策的重要依据之一。投资估算的准确性不仅影响可行性研究工作的质量和经济评价结果，还直接关系到下一阶段设计概算和施工图预算的编制。因此，应全面准确地对建设项目进行投资估算。

一、投资估算的概述

投资估算是指在建设项目决策过程中，对建设项目投资数额（包括工程造价和流动资金）进行的估计。

（一）投资估算的概念

投资估算是在进行拟建项目的前期工作时，计算出这个项目所需全部建设资金大体数额的过程。投资估算是拟建项目决策阶段编制项目建议书、可行性研究报告的重要组成部分，是拟建项目决策的重要依据之一。按照现行项目建议书和可行性研究报告审批要求，其中的投资估算一经批准，即为建设项目投资的最高限额，一般情况下不得随意突破。因此，投资估算的准确性应达到规定的深度，否则，必将影响到拟建项目前期的投资决策，而且也直接关系到下阶段造价管理和控制。

（二）投资估算的特点

在投资决策阶段，由于条件限制，考虑因素不够成熟，不可预见的因素多，影响大，投资估算的难度较大，所以估算有以下特点。

1.项目设计方案较粗略，技术条件内容较粗浅，假设因素较多。

2.项目技术条件的伸缩性大，估算工作难度大，估算时需要留有一定的活口。

3.采用的静态投资估算方法，简单粗糙，需要有较强的技术经济分析的经验。

4.估算工作涉及面较广，政策性强，对估算人员业务素质要求较高。

（三）项目投资估算的阶段划分与精度要求

在做工程初步设计之前，根据需要可邀请设计单位参加编写项目规划和项目建议书，并可委托设计单位承担项目的预可行性研究、可行性研究及设计任务书的编制工作，同时应根据项目已明确的技术经济条件，编制和估算出精确度不同的投资额。我国建设项目的投资估算分为以下几个阶段。

1.项目规划阶段的投资估算

项目规划阶段是指有关部门根据国民经济发展规划、地区发展规划和行业发展规划的要求，编制一个建设项目的建设规划。此阶段是按项目规划的要求和内容，粗略地估算建设项目所需要的投资额。其对投资估算精度的要求为允许误差可大于30%。

2.项目建议书阶段的投资估算

在项目建议书阶段，是按项目建议书中的产品方案、项目建设规模、产品主要生产工艺、企业车间组成、初选建厂地点等，估算建设项目所需的投资额。其对投资估算精度的要求为误差控制在±30%以内。此阶段项目投资估算的意义是可据此判断一个项目是否需要进行下一阶段的工作。

3.预可行性研究阶段的投资估算

预可行性研究阶段，是在掌握了更详细、更深入的资料的条件下，估算建设项目所需要的投资额。其对投资估算精度的要求为误差控制在±

20%以内。此阶段项目投资估算的意义是据以确定是否进行详细可行性研究。

4.可行性研究阶段的投资估算

可行性研究阶段的投资估算至关重要,因为这个阶段的投资经审查批准之后,便是工程设计任务书中规定的项目投资限额,并可据此列入项目年度基本建设计划。其对投资估算精度的要求为误差控制在±10%以内。

(四)投资估算的内容

根据国家规定,从满足建设项目投资设计和投资规模的角度,建设项目投资的估算包括建设投资估算和流动资金估算两部分。

1.建设投资估算

建设投资估算的内容按照费用的性质划分,包括建筑安装工程费、设备及工器具购置费、工程建设其他费用、基本预备费、涨价预备费、建设期贷款利息、固定资产投资方向调节税等。固定资产投资可分为静态投资部分和动态投资部分,其中建筑安装工程费、设备及工器具购置费、工程建设其他费用、基本预备费为静态投资部分;涨价预备费、建设期利息和固定资产投资方向调节税构成动态投资部分。

2.流动资金估算

流动资金是指生产经营性项目投产后,用于购买原材料、燃料、支付工资及其他经营费用等所需的周转资金,流动资金实际上就是财务中的营运资金。它是伴随着建设投资而发生的长期占用的流动资产投资,流动资金等于流动资产与流动负债之差。其中,流动资产主要考虑现金、应收账款、预付账款和存货,流动负债主要考虑应付账款和预收账款。根据国家相关要求,项目投产后所需流动资金的30%作为铺底流动资金列入投资计划,铺底流动资金不落实的,不予批准立项,银行不予贷款。

二、建设投资估算方法

建设投资估算的方法有单位生产能力估算法、生产能力指数法、系数估计法、比例估算法和指标估算法。下面分别介绍这些方法。

(一)单位生产能力估算法

依据调查的统计资料,利用相近规模的单位生产能力投资乘以建设规模,即得拟建项目静态投资。这种方法把项目的建设投资与生产能力的关系视为简单的线性关系,估算结果精确度较差。使用这种方法时要注意拟建项目的生产能力和类似项目的可比性,否则误差很大。由于在实际工作中不容易找到与拟建项目完全类似的项目,通常是把项目按其下属的车间、设施和装置进行分解,分别套用类似车间、设施和装置的单位生产能力投资指标计算,然后相加求得项目总投资,或根据拟建项目的规模和建设条件,将投资进行适当调整后估算项目的投资。这种方法主要用于新建项目或装置的估算,十分简便迅速。

(二)生产能力指数法

生产能力指数法又称指数估算法,根据已建成的性质相类似的工程或装置的实际投资额和生产能力,按拟建项目的生产能力进行推算,是对单位生产能力估算法的改进。生产能力指数法的改进之处在于将生产能力和造价之间的关系考虑为一种非线性的指数关系,在一定程度上提高了估算精度。计算简单,速度快,往往只需知道工艺流程及规模即可,但要求估算资料可靠,项目建设条件基本相同,确定合理的生产能力指数。

(三)系数估算法

系数估算法又称因子估算法,它是以拟建项目的主体工程费或主要设备费为基数,以其他工程费占主体工程费的百分比为系数来估算项目总投资的方法。这种方法简单易行,但是精度较低,一般用于项目建议书阶段。系数估算法的方法较多,有代表性的包括设备系数法、主体专业系数法和朗格系数法等。

1.设备和主体专业系数法

设备系数法以拟建项目的设备费为基数,根据已建成的同类项目中建筑安装工程费和其他工程费(或建设项目中各专业工程费用)等占设备价值的百分比,求出拟建项目建筑安装工程费和其他工程费,进而求出项目总投资。

主体专业系数法与设备系数法原理类似,只是以拟建项目中的最主要、投资比重较大并与生产能力直接相关的工艺设备投资(包括运杂费和安装费)为基数,根据同类型的已建项目的有关统计资料,计算出拟建项目的各专业工程(总图、土建、暖通、给排水、管道、电气及电信、自控仪表及其他费用等)占工艺设备投资的百分比,据以求出各专业的投资,然后把各部分投资费用(包括工艺设备费)相加,相加之和即为拟建项目的总费用。

2.朗格系数法

朗格系数法是以设备购置费为基数,乘以适当系数来推算项目的静态投资。这种方法在国内不常见,是世界银行项目投资估算常采用的方法。该方法的基本原理是将项目建设总成本费用中的直接成本和间接成本分别计算,再合计为项目的静态投资。

(四)比例估算法

根据统计资料,先求出已有同类企业主要设备投资占项目静态投资的比例,然后再估算出拟建项目的主要设备投资,即可按比例求出拟建项目的静态投资。

(五)指标估算法

这种方法是把建设项目划分为单项工程或单位工程,按建设内容纵向划分为各个主要生产设施、辅助及公用设施、行政及福利设施以及各项其他基本建设费用,按费用性质横向划分为建设工程、设备购置、安装工程等,根据各种具体的投资估算指标,进行各单位工程或单项工程投资的估算,在此基础上汇集编制成拟建项目的各个单项工程费用和拟建项目的工程费用投资估算,再按相关规定估算工程建设其他费用、基本预备费等,形成拟建项目静态投资。估算指标是一种比概算指标更为扩大的单位工程指标或单项工程指标。使用指标估算法时应根据不同地区、不同时间进行调整,设备与材料的价格会随着地区、时间的不同产生差异。调整方法可以按主要材料消耗量或"工程量"为计算依据;可以按不同的工程项目的"万元工料消耗定额"确定不同的系数;也可以根据有关部门已颁布的有关定额或材料价差系数(物价指数)调整。使用估算指标法进行投资估算绝不能生搬硬套,必须对工艺流程、定额、价格及费用标准进行分析,经过实事求是的调整与换算后,才能提高其精确度。

三、流动资金的估算方法

项目运营需要流动资产投资,流动资金是指生产经营性项目投产后,为进行正常生产运营,用于购买原材料、燃料,支付工资及其他经营费用所需的周转资金。流动资金估算一般采用分项详细估算法,个别情况或者小型项目可采用扩大指标法。

(一)分项详细估算法

流动资金的显著特点是在生产过程中不断周转,其周转额的大小与生产规模及周转速度直接有关。分项详细估算法是根据周转额与周转速度之间的关系,对构成流动资金的各项流动资产和流动负债分别进行估算。流动资产的构成要素一般包括存货、库存现金、应收账款和预付账款;流动负债的构成要素一般包括应付账款和预收账款。估算的具体步骤,首先计算各类流动资产和流动负债的年周转次数,然后再分项估算占用资金额。

1.周转次数计算

周转次数是指流动资金的各个构成项目在一年内完成多少个生产过程。周转次数可用一年天数(通常按360天计算)除以流动资金的最低周转天数计算,则各项流动资金年平均占用额度为流动资金的年周转额度除以流动资金的年周转次数。各类流动资产和流动负债的最低周转天数可参照同类企业的平均周转天数并结合项目特点确定,或按部门(行业)规定。在确定最低周转天数时应考虑储存天数、在途天数,并考虑适当的保险系数。

2.应收账款估算

应收账款是指企业对外赊销商品、提供劳务尚未收回的资金。应收账款的周转额应为全年赊销销售收入,在进行可行性研究时,用销售收入代替赊销收入。

3.预付账款估算

预付账款是指企业为购买各类材料、半成品或服务所预先支付的款项。

4.存货估算

存货是企业为销售或者生产耗用而储备的各种物资,主要有原材料、辅助材料、燃料、低值易耗品、维修备件、包装物、商品、在产品、自制半成品和产成品等。为简化计算,仅考虑外购原材料、燃料、其他材料、在产品和产成品,并分项进行计算。

5.现金需要量估算

项目流动资金中的现金是指货币资金,即企业生产运营活动中停留于货币形态的那部分资金,包括企业库存现金和银行存款。

6.流动负债估算

流动负债是指在一年或者超过一年的一个营业周期内需要偿还的各种债务,包括短期借款、应付票据、应付账款、预收账款、应付工资、应付福利费、应付股利、应交税金、其他暂收应付款、预提费用和一年内到期的长期借款等。在可行性研究中,流动负债的估算可以只考虑应付账款和预收账款两项。

(二)扩大指标估算法

扩大指标估算法是根据现有同类企业的实际资料,求得各种流动资金率指标,也可依据行业或部门给定的参考值或经验确定比率,将各类流动资金率乘以相对应的费用基数来估算流动资金。一般常用的基数有营业收入、经营成本、总成本费用和建设投资等,究竟采用何种基数依行业习惯而定。扩大指标估算法简便易行,但准确度不高,适用于项目建议书阶段的估算,某些行业在可行性研究阶段也可采用此法。

(三)估算流动资金应注意的问题

1.在采用分项详细估算法时,应根据项目实际情况分别确定现金、应收账款、预付账款、存货、应付账款和预收账款的最低周转天数,并考虑一定的保险系数。因为最低周转天数减少,将增加周转次数,从而减少流动资金需用量。因此,必须切合实际地选用周转天数。对于存货中的外购原材料和燃料,要分品种和来源,考虑运输方式和运输距离以及占用流动资金的比重大小等因素确定。

2.流动资金属于长期性(永久性)流动资产,流动资金的筹措可通过长期负债和资本金(一般要求占30%)的方式解决。流动资金一般要求在投产前一年开始筹措,为简化计算,可规定在投产的第一年开始按生产负荷安排流动资金需用量。其借款部分按全年计算利息,流动资金利息应计入生产期间财务费用,项目计算期末收回全部流动资金(不含利息)。

3.用详细估算法计算流动资金,需以经营成本及其中的某些科目为基数,因此实际上流动资金估算应在经营成本估算之后进行。流动资金一般应在项目投产前开始筹措,一般可在投产第一年开始安排,并随生产运营计划的不同而有所不同,因此流动资金的估算应根据不同的生产运营计划分年进行。①

第三节 建设项目财务评价

建设项目经济评价是可行性研究的核心内容,在完成市场调查与预测、拟建规模、营销策划、资源优化、技术方案论证、环境保护、投资估算与资金筹措等可行性分析的基础上,对拟建项目各方案投入与产出的基础数据进行推测、估算,对拟建项目各方案进行评价和选优的过程。

按我国现行评价制度,建设项目经济评价分为财务评价和国民经济评价两个层次。经济评价的工作成果融会了可行性研究的结论性意见和建议,是投资主体决策的重要依据。本节主要介绍财务评价的内容及其方法。

一、财务评价的概述

财务评价从项目财务角度分析,计算项目的财务盈利能力、偿债能力及财务生存能力,以判断项目的财务可行性

(一)财务评价的概念

财务评价也称财务分析,是在国家现行财税制度和价格体系的前提

---

①崔武文. 工程造价管理[M]. 北京:中国建材工业出版社,2010.

下,从项目角度出发,计算项目范围内的财务效益和费用,分析项目的盈利能力、偿债能力及财务生存能力,评价项目在财务上的可行性。财务评价是建设项目经济评价中的微观层次,它主要从微观投资主体的角度分析项目可以给投资主体带来的效益以及投资风险。财务评价可以考察项目的财务盈利能力,帮助投资者做出融资决策,制定适宜的资金规划,为协调企业利益与国家利益提供依据。

(二)财务评价的分类

财务评价是个系统性的问题,按照不同的标准,财务评价可以分为很多类型,进而产生多种类别的评价指标。

1.按评价依据确定与否分类

财务评价可分为确定性评价与不确定性评价。财务评价的基本方法包括确定性评价方法与不确定性评价方法两类,对同一个项目必须同时进行确定性评价和不确定性评价。在建设项目的经济评价中,所研究的问题都发生于未来,所引用的数据如投资规模、建设工期、产品产量、生产成本和销售收入等数据都是来源于预测或估计。由于缺乏足够的信息,对相关因素和未来情况无法做出精确的预测,项目实施后的实际情况难免与预测或估计的情况有所差异,从而使经济评价带来不可避免的不确定性。为了尽量避免投资决策失误,有必要进行不确定性分析,以估计投资项目可能承担的风险,确定其经济上的可靠性。

2.按评价方法的性质不同分类

财务评价可分为定量分析和定性分析。定量分析是指对可度量因素的分析方法,是指对无法精确度量的重要因素实行的估量分析方法。在项目财务评价中考虑的定量分析因素包括资产价值、资本成本、有关销售额、成本等一系列以货币表示的一切费用和收益。在项目财务评价中,应坚持定量分析与定性分析相结合,以定量分析为主的原则。依据是再考虑时间因素判断,定量分析又可分为静态分析和动态分析。静态分析是不考虑资金的时间因素,即不考虑时间因素对资金价值的影响,而对现金流量分别进行直接汇总来计算分析指标的方法。动态分析是在分析项目或方案的经济效益时,对发生在不同时间的效益、费用计算资金的时间价值,把现金流量折现后来计算分析指标。动态分析能较全面地反映投资方案整个计算期的经济效益。在项目财务评价中,应坚持动态分析与静态分析相结合,以动态分析为主的原则。

3.按评价是否考虑融资分类

财务分析可分为融资前分析和融资后分析。一般宜先进行融资前分析,在融资前分析结论满足要求的情况下,初步设定融资方案,再进行融资后分析。融资前动态分析应以营业收入、建设投资、经营成本和流动资金的估算为基础,考察整个计算期内现金流入和现金流出,编制项目投资现金流量表,利用资金时间价值的原理进行折现,计算项目投资内部收益率和净现值等指标。融资前分析排除了融资方案变化的影响,从项目投资总获利能力的角度,考察项目方案设计的合理性。融资前分析计算的相关指标,应作为初步投资决策与融资方案研究的依据和基础,融资前分析也可计算静态投资回收期指标,用以反映收回项目投资所需要的时间。融资后分析应以融资前分析和初步的融资方案为基础,考察项目在拟定融资条件下的盈利能力、偿债能力和财务生存能力,判断项目方案在融资条件下的可行性。融资后分析用于比选融资方案,帮助投资者做出融资决策。

4.按项目评价的时间分类

财务分析可分为事前评价、事中评价、事后评价。用于投资决策前的事前评价,是指在建设项目实施前投资决策阶段所进行的评价。显然,事前评价都有一定的预测性,因而也就有一定的不确定性和风险性。事中评价(跟踪评价)是指在项目建设过程中所进行的评价。这是由于在项目建设前所做的评价结论及评价所依据的外部条件(市场条件、投资环境等)的变化而需要进行修改,或因事前评价时考虑问题不周、失误,甚至根本未做事前评价,在建设中遇到困难,而不得不反过来重新进行评价,以决定原决策有无全部或局部修改的必要性。事后评价(项目后评价)是指在项目建设投入生产并达到正常生产能力后,总结评价项目投资决策的正确性,项目实施过程中项目管理的有效性等。

(三)财务评价的程序

1.选取基础数据

根据项目市场研究和技术研究的结果、现行价格体系及财税制度进行财务预测,获得项目投资、销售(营业)收入、生产成本、利润、税金及项目计算期等一系列财务基础数据,并将所得数据编制成辅助财务报表。

2.编制基本财务报表

由上述财务预测数据及辅助报表编制基本财务报表,主要包括财务现金流量表、利润与利润分配表、财务计划现金流量表、借款还本付息计划表、资产负债表等。

3.计算财务评价指标

根据基本财务报表计算各财务评价指标,并分别与对应的评价标准或基准值进行对比,对项目的各项财务状况做出评价,进行盈利能力、偿债能力和财务生存能力的分析。

4.进行不确定性分析

通过盈亏平衡分析、敏感性分析、概率分析等不确定性分析方法,分析项目可能面临的风险及项目在不确定情况下的抗风险能力,得出项目在不确定情况下的财务评价结论或建议。

5.编写财务评价报告

由上述确定性分析和不确定性分析的结果,对项目的财务可行性做出最终判断。

(四)财务评价的内容

根据《关于建设项目经济评价工作的若干规定》(第三版),财务评价的内容应根据项目的性质和目标确定。对于经营性项目,财务评价应通过编制财务分析报表,计算财务指标,分析项目的盈利能力、偿债能力和财务生存能力,判断项目的财务可接受性,明确项目对财务主体及投资者的价值贡献,为项目决策提供依据;对于非经营性项目,应主要分析项目的财务生存能力。

1.盈利能力分析

主要考察投资项目的盈利水平,评价指标有财务净现值、财务内部收益率、投资回收期、总投资收益率、项目资本金净利润率等。

2.偿债能力分析

主要考察计算期内各年的财务状况及偿债能力,评价指标有利息备付率、偿债备付率、资产负债率、流动比率、速动比率等。

3.财务生存能力分析

主要考察投资项目的营运资金是否能够连续不断地供应,评价指标有净现金流量、累计盈余资金等。

4.不确定性分析

不确定性分析是指在信息不足,无法用概率描述因素变动规律的情况下,估计可变因素变动对项目可行性的影响程度及项目承受风险能力的一种分析方法。不确定性分析包括盈亏平衡分析、敏感性分析和概率分析。

二、财务评价指标体系

工程项目财务评价结果的好坏,一方面取决于基础数据的可靠性,另一方面取决于所选取的指标体系的合理性,只有选取正确的评价指标,评价结果才能与客观实际情况相吻合,才具有实际意义。

(一)财务评价指标体系的分类

一般来讲,投资者的投资目标不只是一个,因此项目财务效益指标体系也不是唯一的,根据不同的评价目标和可获得资料的多少以及项目本身的条件和性质,可选用不同的指标,这些指标也有主次之分,可从不同侧面反映项目的经济效益状况。

1.根据工程项目财务评价时是否考虑资金的时间价值,可将常用的财务评价指标分为静态指标(以非折现现金流量分析为基础)和动态指标(以折现现金流量分析为基础)两类。

2.根据评价的内容不同,可分为盈利能力分析指标、偿债能力分析指标和财务生存能力分析指标。

（二）财务评价指标的计算与判别准则

1.财务盈利能力评价指标

财务盈利能力评价主要考察投资项目投资的盈利水平，是在编制项目投资现金流量表、项目资本金现金流量表、利润和利润分配等财务报表的基础上，计算财务净现值、财务内部收益率、项目投资回收期、总投资收益率和项目资本金净利润率等指标。

（1）财务净现值：财务净现值是指把项目计算期内各年的财务净现金流量，按照一个设定的标准折现率（基准收益率）折算到建设期初（项目计算期第一年年初）的现值之和。财务净现值是考察项目在其计算期内盈利能力的主要动态评价指标。项目财务净现值是考察项目盈利能力的绝对指标，它反映项目在满足按设定折现率要求的盈利之外所能获得的超额盈利的现值。如果项目财务净现值等于或大于零，表明项目的盈利能力达到或超过了所要求的盈利水平，项目财务上可行。

（2）财务内部收益率：财务内部收益率是指项目在整个计算期内各年财务净现金流量的现值之和等于零时的折现率，也就是使项目的财务净现值等于零时的折现率。财务内部收益率是反映项目实际收益率的一个动态指标，该指标越大越好。一般情况下，财务内部收益率大于等于基准收益率时，项目可行。根据投资各方财务现金流量表也可以计算内部收益率指标，即投资各方内部收益率。不过应注意的是，投资各方内部收益率实际上是一个相对次要的指标。在普遍按股本比例分配利润和分担亏损和风险的原则下，投资各方的利益是均等的。只有投资者中的各方有股权之外的不对等的利益分配时，投资各方的利益才会有差异。比如其中一方有技术转让方面的收益，或一方有租赁设施的收益，或一方有土地使用权方面的收益时，需要计算投资各方的内部收益率。对于投资各方的内部收益率来说，其最低可接受收益率只能由各投资者自己确定，因为不同的投资者的资本实力和风险承受能力有很大差异，且出于某些原因，可能会对不同项目有不同的收益水平要求。

（3）投资回收期：投资回收期按照是否考虑资金时间价值可以分为静态投资回收期和动态投资回收期。①静态投资回收期。静态投资回收期是指以项目每年的净收益回收项目全部投资所需要的时间,是考察项目财务上投资回收能力的重要指标。这里所说的全部投资既包括建设投资,又包括流动资金投资。项目每年的净收益是指税后利润加折旧。当静态投资回收期小于等于基准投资回收期时,项目可行。②动态投资回收期。动态投资回收期是指在考虑了资金时间价值的情况下,以项目每年的净收益回收项目全部投资所需要的时间。这个指标主要是为了克服静态投资回收期指标没有考虑资金时间价值的缺点而提出的。动态投资回收期是在考虑了项目合理收益的基础上收回投资的时间,只要在项目寿命期结束之前能够收回投资,就表示项目已经获得了合理的收益。因此,只要动态投资回收期不大于项目寿命期,项目就可行。

(4)总投资收益率:总投资收益率是指项目达到设计能力后正常年份的年息税前利润或营运期内年平均息税前利润与项目总投资的比率。总投资收益率高于同行业的收益率参考值,表明用总投资收益率表示的盈利能力满足要求。

(5)项目资本金净利润率:项目资本金净利润率是指项目达到设计能力后正常年份的年净利润或运营期内平均净利润与项目资本金的比率。项目资本金净利润率高于同行业的净利润率参考值,表明用项目资本金净利润率表示的盈利能力满足要求。

2.偿债能力评价

投资项目的资金构成一般可分为借入资金和自有资金。自有资金可长期使用,而借入资金必须按期偿还。项目的投资者自然要关心项目偿债能力,借入资金的所有者(债权人)也非常关心贷出资金能否按期收回本息。因此,偿债分析是财务分析中的一项重要内容。偿债能力分析的主要指标有利息备付率、偿债备付率、资产负债率、流动比率和速动比率。

(1)利息备付率:利息备付率是指项目在借款偿还期内的息税前利润与应付利息的比值,它从付息资金来源的充裕性角度反映项目偿付债务利息的保障程度。用于支付利息的息税前利润等于利润总额和当期应付利息之和,当期应付利息是指计入总成本费用的全部利息。利息备付率应分年计算。对于正常经营的企业,利息备付率应大于1,并结合债权人的要求确定。利息备付率高,表明利息偿付的保障程度高,偿债风险小。

(2)偿债备付率:偿债备付率是指项目在借款偿还期内,各年可用于还本付息的资金与当期应还本付息金额的比值,它表示可用于还本付息的资金偿还借款本息的保障程度。偿债备付率可以按年计算,也可以按整个借款期计算。偿债备付率表示可用于还本付息的资金偿还借款本息的保证倍率,正常情况应当大于1,并结合债权人的要求确定。

(3)资产负债率:资产负债率是反映项目各年所面临的财务风险程度及偿债能力的指标。资产负债率表示企业总资产中有多少是通过负债得来的,是评价企业负债水平的综合指标。适度的资产负债率既能表明企业投资人、债权人的风险较小,又能表明企业经营安全、稳健、有效,具有较强的融资能力。国际上公认的较好的资产负债率指标是60%。但是难以简单地用资产负债率的高或低来进行判断,因为过高的资产负债率表明企业财务风险太大;过低的资产负债率则表明企业对财务杠杆利用不够。实践表明,行业间资产负债率差异也较大。实际分析时应结合国家总体经济运行状况、行业发展趋势、企业所处竞争环境等具体条件进行判定。

(4)流动比率:流动比率是反映项目各年偿付流动负债能力的指标。流动比率衡量企业资金流动性的大小,考虑流动资产规模与负债规模之间的关系,判断企业短期债务到期前,可以转化为现金用于偿还流动负债的能力。该指标越高,说明偿还流动负债的能力越强。但该指标过高,说明企业资金利用效率低,对企业的运营也不利。国际公认的标准是200%。但行业间流动比率会有很大差异,一般来说,若行业生产周期较长,流动比率就应该相应提高;反之,就可以相对降低。

(5)速动比率:速动比率是反映项目各年快速偿付流动负债能力的指标。速动比率指标是对流动比率指标的补充,是将流动比率指标计算公式的分子剔除了流动资产中的变现力最差的存货后,计算企业实际的短期债务偿还能力,较流动比率更为准确。该指标越高,说明偿还流动负债的能力越强。与流动比率一样,该指标过高,说明企业资金利用效率低,对企业的运营也不利。国际公认的标准比率为100%。同样,该指标在行业间也有较大差异,实践中应结合行业特点分析判断。[①]

  在项目评价过程中,可行性研究人员应该综合考察以上的盈利能力和偿债能力分析指标,分析项目的财务运营能力能否满足预期的要求和规定的标准要求,从而评价项目的财务可行性。

---

①郑立群.工程项目投资与融资[M].上海:复旦大学出版社,2007.

第五章 建设项目设计阶段的工程造价管理

我国现行制度规定一般工业与民用建设项目实行初步设计和施工图设计"两阶段设计";大型的或比较复杂且缺乏设计经验的项目实行初步设计、技术设计、施工图设计"三阶段设计"。本章拟重点阐述不同设计阶段工程造价文件的编制与管理方法。

第一节 设计阶段的工程造价编制

初步设计阶段须编制工程的设计概算施工图设计阶段须编制工程的施工图预算。工程概预算包括单位工程概、预算;工程建设其他费用概算;单项工程综合概、预算;建设项目总概、预算。本节分别介绍各种概预算文件的编制。

一、单位工程概、预算的编制

单位工程概、预算确定的是单位工程建设所需的投资额,即建筑安装工程费(包括设备购置费)。由单位建筑、安装工程的人工费、材料(工程设备)费、施工机具使用费、企业管理费、利润、规费和税金七项内容构成。其中,人工费、材料费、施工机具使用费、企业管理费和利润包含在分部分项工程费、措施项目费、其他项目费中。

单位工程概、预算的主要编制依据是:国家现行的相关法律法规和规章制度;批准的可行性研究报告及投资估算;工程设计的有关资料;适用的计价标准;当地建设行政主管部门发布的价格信息、调整系数、造价指数;工程的具体建设条件及合同等有关资料。

（一）单位工程概算的编制

单位工程概算是有关单位在初步设计阶段依据初步设计的内容、相应的计价标准等编制的各种建筑、安装单位工程所需建设费用（概算价格）的文件。主要编制方法如下。

1.概算定额法

概算定额法是依据概算定额、概算单价、有关的取费标准、价格资料等相关规定，计算单位工程概算价格的方法。一般应按以下方法与步骤编制。

（1）进行编制的准备工作。

（2）列出单位工程所含扩大分项工程或扩大结构构件的项目。

（3）计算扩大分项工程或扩大结构构件的工程量。

（4）套用概算定额基价计算人工费、材料费、施工机械费。

（5）计算其他成本额和利润、税金，汇总得到单位工程概算价格。

2.概算指标法

概算指标法是采用有关单位制定的概算指标计算单位工程概算价格的方法。编制方式主要有：直接用概算指标中的经济指标编制；用调整概算指标中的经济指标编制；用概算指标中的实物指标编制；修正经济指标编制等。在使用概算指标编制单位工程概算时，要特别注意根据编制对象的特点，选用在结构、特征、规模等方面基本相同的概算指标和适用的编制方式正确计算编制对象的概算价格。具体方法步骤如下。

（1）据所选的概算指标计算确定每平方米建筑面积的经济指标（人工费、材料费、机械费指标）：①当能直接用概算指标中的经济指标编制时，每平方米建筑面积的经济指标计算如下：每平方米建筑面积的经济指标=概算指标中的经济指标/100。②当只适用调整经济指标编制时每平方米建筑面积的经济指标计算如下：每平方米建筑面积的经济指标=概算指标中的经济指标/100×调整系数。③当只适用概算中的实物指标编制时每平方米建筑面积的经济指标计算如下：每平方米建筑面积的经济指标=[（日工资单价×100每平方米人工消耗指标）+L（材料单价×100每平方米相应材料消耗指标）×（1+其他材料费占主要材料费的比例）+

100每平方米施工机具费]/100。④当适用修正经济指标编制时,即编制对象的结构特征与原概算指标略有不同,须对原经济指标进行换算修正。修正的公式为:每平方米建筑面积经济指标=原每平方米建筑面经济指标—换出结构概算单价×换出结构数量+换入结构概算单价×换入结构数量。

(2)计算确定每平方米建筑面积的措施费:每平方米建筑面积的措施费=适用基数×适用的措施费费率,适用基数分别为每平方米经济指标、人工费、人工费与机械费;措施费费率按有关规定。

(3)计算确定每平方米建筑面积的企业管理费:每平方米建筑面积的企业管理费=适用基数×适用的企业管理费率。适用基数分别为(1)与(2)之和、人工费、人工费与机械费;管理费率按有关规定。

(4)计算确定每平方米建筑面积的利润、规费和税金:每平方米建筑面积的利润=适用基数×适用的利润率。适用基数分别为(1)(3)之和、人工费、人工费与机械费;利润率按有关规定。每平方米建筑面积的规费=人工费×规费费率。每平方米建筑面积的税金=计税基数×适用的税率。计税基数为每平方米面积的经济指标、措施费、企业管理费、利润、规费之和;税率按有关规定。

(5)计算确定每平方米建筑面积的概算单价:每平方米建筑面积的概算单价=每平方米经济指标+措施费+企业管理费+利润+规费+税金。

(6)计算确定单位工程概算价格:单位工程概算价格=每平方米建筑面积的概算单价×建筑面积。

3.类似工程价格资料指标法

类似工程价格资料指标法是利用技术经济条件与编制对象类似的已完成的或在建工程有代表性的、计算科学合理的造价资料,进行拟建工程设计概算编制的方法。用此法编制设计概算所需时间短,价格的准确性相对较高。

(1)用类似工程价格资料中的实物指标编制概算。编制的具体方法步骤如下:①选妥合适的工程价格资料。②取出其中实物耗用量数据,调整确定编制对象的人工、材料、机械台班的总用量。③计算编制对象的人工费、材料费、机械费。选择适用的日工资单价、材料单价、施工机械台班单价与其相应的耗用量相乘,乘积加总即得。④过多编制对象的措施费和企业管理费(方法同前所述)。⑤计算编制对象的利润、规费和税金(方法如所述)。计算编制对象的概算价格。单位工程概算价格=人工费+材料费+机械费+措施费+企业管理费+利润+规费+税金。

(2)用类似工程价格资料中的费用指标编制概算。用费用指标编制概算的步骤:①选妥合适的工程价格资料。②取出其中费用数据并按公式调整确定单位工程概算价格。

4.设备及其安装单位工程概算的编制

设备及其安装单位工程概算包括设备概算价格和设备安装工程概算价格两部分。

(1)设备概算价格。设备概算价格由设备原价和设备运杂费加总得到。计算公式为:设备概算价格=设备原价+设备运杂费。

(2)设备安装工程概算。安装工程概算编制方法与程序是:先根据相关设备安装费的概算指标,估算需要安装设备的安装费;再以其中人工费为基数分别乘以相应的费率、利润率计算安装工程所需的措施费、企业管理费、利润、规费;最后以不含税的安装工程造价为基数乘以适用税率,并加总计算安装工程概算价格。总设备概算价格加安装工程概算价格即为设备及其安装单位工程概算价格。

(二)单位工程预算的编制

单位工程预算是有关单位在施工图设计阶段,依据施工图设计内容、相应的计价标准等编制的各种建筑、安装单位工程所需建设费用(预算价格)的文件。常用的主要编制方法如下。

1.定额计价法

定额计价法,是使用有关单位编制的分项工程定额基价(工料单价)为核心计价标准编制单位工程预算价格的方法。具体编制步骤与方法如下。

(1)进行编制准备:包括收集、处理编制必需的各种信息资料;熟悉设计图纸并准确地把握设计意图;掌握项目的建设条件及施工条件等。

（2）列出分项工程项目:根据设计的具体内容和选用的实物定额中有关要求进行列项。

（3）计算分项项目的工程量:根据设计的具体内容和选用的实物定额中有关工程量计算单位、计算方法、计算规则、项目所包括的工作内容等方面的具体规定,逐项进行计算。

（4）套用定额基价计算分部分项工程费,即分部分项工程人工费、材料费、施工机具费。计算公式为:单位工程的分部分项工程费=I(分项工程定额基价×相应分项工程量)。

（5）计算其他价格因素:以适用的计算基数分别乘以相应的费率、利润率,计算工程所需的措施费、企业管理费、利润、规费、税金。

（6）计算单位工程价格。计算公式如下:单位工程价格=分部分项工程费＋措施费＋企业管理费＋利润＋规费＋税金。

（7）进行工料分析:据所用实物定额和相应工程量进行工程各种实物耗用总量计算。

（8）计算技术经济指标:技术经济指标=单位工程价格/建筑面积。

（9）编写价格文件的编制说明。

2.实物法

实物法,是以适用的实物定额、基础单价为核心的计价标准,编制单位工程预算价格的方法。具体编制步骤与方法如下。

（1）进行编制准备工作:包括收集、处理编制必需的各种信息资料;熟悉设计图纸并准确地把握设计意图;掌握项目的建设条件及施工条件等。

（2）列出分项工程项目:根据设计的具体内容和选用的实物定额的有关要求进行列项。

（3）计算分项项目的工程量:据设计内容和有关专业工程的工程量计算规则进行计算。

（4）计算确定单位工程的分部分项工程费（即人工费、材料费、施工机具费）:首先,做工料分析,计算确定单位工程的各种实物耗用总量;然后,以选用的实物单价与相应的实物耗用总量相乘乘积加总即为所求分部分项工程费。公式如下:分部分项工程费=日工资单价×工日总量+立(材料单价×相应材料耗用总量)+L(施工机械单价×相应机械台班耗用总量)。其后的计算步骤与方法,同前所述。

二、工程建设其他费用概算的编制

工程建设其他费用概算是确定整个建设工程从筹建起到工程竣工验收交付使用止的整个建设期间所必需的,又未包括在各个单位工程价格(建筑安装工程费)中的,为保证工程建设顺利完成和交付使用后能够正常发挥效用发生的其他一切费用的文件。

(一)工程建设其他费用概算

1.固定资产其他费用

固定资产其他费用现阶段主要包括建设用地费、建设管理费、可行性研究费、研究试验费、勘察设计费、建设工程评价费、场地准备及临时设施费、工程保险费、联合试运转费、工程建设相关费用等项工程建设必需的其他费用。

2.无形资产费用

无形资产费用,是指建设项目使用国内外专利和专有技术必须支付的费用。目前主要包括国外设计及技术资料费、引进有效专利、专有技术使用费和技术保密费;国内有效专利、专有技术使用费用、商标使用费、特许经营权费等。

3.其他资产(递延资产)费用

其他资产(递延资产)费用,是用于生产准备及开办等与未来企业生产和经营活动有关的费用。主要包括人员培训费及提前进厂费,生产办公、生活家具用具购置费,生产工具、器具、用具购置费等。

(二)工程建设其他费用概算的编制依据与办法

工程建设其他费用必须严格依据国家对工程建设其他费用的项目划分、计算标准、计算程序、计算方法等方面的具体规定,并根据工程建设的实际情况,实事求是地进行计算。

三、单项工程综合概、预算的编制

单项工程综合概、预算是确定某个单项工程所需建设费用的综合文件。它由单项工程所包括的各单位工程概、预算,安装单位工程概、预算以及工程建设其他费用概算(仅一个单项工程不编制总概算时)综合编制而成,是建设项目总概算的组成部分。单项工程综合概、预算的编制具体如下。

1.编制说明

编制说明位于综合概、预算表的前面,在编制说明中一般应说明以下内容。

(1)编制依据:包括国家、地方及有关部门的有关规定,可行性研究报告,初步设计文件,使用的计价标准等。

(2)编制方法:需说明本设计概算所采用的编制方法,是采用概算定额法还是概算指标法、类似工程价格资料法等。

(3)主要设备、三大材料(钢材、木材、水泥)的数量。

(4)其他需要说明的问题。

2.综合概、预算表

综合概、预算表是根据单项工程所包含的各单位工程概、预算等基础资料,按照国家有关部门规定的统一表格进行编制的。编制时,既要按单位工程的项目组成顺序填列,又要按工程费用构成的顺序填列,以便于综合反映单项工程的三项重要指标,即价格指标、费用构成指标、技术经济指标。

3.相关计价表

相关计价表,是指作为编制单项工程综合概、预算表依据的各种计价、计量表格及文件。主要包括各单位工程概、预算价格计算表、工料分析表等,若为一个单项工程时,还需包括工程建设其他费用概算。

四、建设项目总概、预算文件的编制

建设项目总概、预算是确定整个建设项目从筹建到竣工验收所需全部建设费用的总文件。它确定的是建设工程最终产品所需的全部固定资产投资额,是设计文件的重要组成部分。建设项目总概、预算,由所含

各单项工程的综合概、预算,工程建设其他费用概算,预备费,专项费用等汇总编制而成。

建设项目总概、预算文件内容包括封面及目录,编制总说明,总概、预算表,工程建设其他费用概算表,单项工程综合概、预算表,单位工程概、预算表,工程量计算表,分年度投资汇总表,分年度资金流量汇总表以及主要材料汇总表与工日数量表等。具体如下:

1.封面、签署页及目录。

2.编制总说明

其内容应包括工程概况、资金来源及投资方式、编制依据及原则、编制方法等。

(1)工程概况:简要描述项目的性质、特点、生产规模、建设周期、建设地点等;对于引进项目还需说明引进的内容及与国内配套工程等主要情况。

(2)编制依据及原则:应说明可行性研究报告及其上级主管机构的批复文件号,与概、预算有关的协议会议纪要及内容摘要,计价的货币指标,设备及材料价格和取费标准,采用的税率、费率、汇率等依据,工程建设其他费用计算标准,编制中遵循的主要原则等。

(3)编制范围和编制方法:编制范围应说明总概、预算中所包括的具体工程项目内容及费用项目内容,编制方法则需要说明是采用定额法还是指标法。

(4)资金来源及投资方式。

(5)投资分析:需说明各项工程占建设项目总投资额的比例以及各项费用占建设项目总投资额的比例,并需与经批准的可行性研究报告中的控制数据做对比,分析其投资效果。

(6)主要机械设备、电气设备和主要材料数量。

(7)其他需要说明的问题。

3.总概、预算表

编制总概、预算表时既要按单项工程项目组成顺序填列,又要按工程费用构成顺序填列,以便于汇总反映建设项目的三项重要指标,即价格指标、费用构成指标、技术经济指标。

4.相关计价表

相关计价表是作为建设项目总概、预算表编制依据的各种计价、计量表格及文件。主要包括各单项工程综合概、预算表,各单位工程概、预算表,工程量计算表,人工材料、施工机具数量汇总表。[①]

第二节 限额设计与概、预算审查

设计概、预算审查是指对在初步设计阶段或扩大初步设计阶段所确定的工程造价进行的审查。可行性报告中的投资估算是整个项目投资控制的主要依据,故设计概、预算应在投资估算的控制范围之内进行。设计阶段形成的工程概、预算价格是我国现阶段工程价格的主要形式,因此,对工程概、预算价格的管理,尤其是对工程概、预算价格的审查具有重大意义。

一、设计阶段工程价格管理的内容及意义

工程设计是工程建设的关键工作,先进合理的设计对于建设项目缩短工期、节约投资、提高经济效益起着极其重要的作用。

(一)设计阶段工程造价管理的内容

设计文件是工程施工与计价的基本依据。拟建工程的建设能否确保进度、质量、合理配置资源,很大程度上取决于设计质量。工程建成后能否获得满意的经济效果,除了正确的项目决策外设计也起着举足轻重的决定性作用。

设计阶段的工程造价管理主要是对工程概、预算价格的管理。具体包括以下内容:科学地制定工程概、预算价格形成的有关方针、政策、计价依据;合理地规定工程概、预算价格的内容及其费用项目的划分、编制程序、计价方法、价格调整方法;认真地进行工程概、预算价格的审查,实施有效的具体价格监督与控制等。

---

①关永冰,谷莹莹,方业博. 工程造价管理[M]. 北京:北京理工大学出版社,2013.

(二)设计阶段工程造价管理的意义

1.有利于工程计价符合价值规律的客观要求

进行工程概、预算价格管理,实施概、预算价格审查,有利于工程建设产品的价格更好地符合价值规律的要求。工程建设产品价格是工程建设产品价值的货币表现。按照价值规律的客观要求,它所反映的应该是工程建设产品中的社会必要劳动量。但是,由于工程建设产品的复杂性、计价的单一性等特点,决定了必须对工程建设和产品价格进行有效的监督,也就是对其进行必要的审查,才能保证工程产品价格能够较真实地反映其中的社会必要劳动量,使工程产品的价格确定符合价值规律的要求。

2.有利于合理分配建设资金

工程产品价格是编制固定资产投资计划的依据,比实际偏低或偏高的工程建设产品价格将影响固定资产投资计划的真实性与合理性,影响宝贵的建设资源合理配置,对整个国民经济的可持续、稳定发展的危害极大。从资金分配来看,将影响到投资合理分配,不是投资有缺口,就是过多地占用资金,影响固定资产再生产健康、协调地发展。只有对工程建设产品价格进行认真审查,才能正确确定工程价格、合理分配建设资金。这对于加快工程建设步伐、促进国民经济的良性发展具有重要意义。

3.有利于改善企业经营管理,加强企业的经济核算

工程建设产品的价格也决定着企业的生产收入,偏高的工程建设产品会使企业轻易取得较多的资金,不仅使企业失去不断提高管理水平的动力,而且还掩盖企业管理不善、铺张浪费等情况;而偏低的工程建设产品价格则无法补偿企业实际的生产耗费。通过对工程建设产品价格的审查消除高估部分、弥补低估部分,防止企业获取额外资金,势必有利于促进企业提高管理水平,通过加强经济核算去完成降低成本的任务,提高企业的盈利能力和竞争力。

4.有利于节约建设资金,加速我国社会主义现代化的进程

工程建设产品价格计算的复杂性和编制人员的水平、职业道德等都会影响工程建设产品价格的真实性。审查工程建设产品价格,不仅可以按照实事求是的原则对漏列少算的部分给予增列,使其符合工程建设产品的价值,也能够对那些偏离正确经营方向的企业通过巧立名目、高估乱算等不正当手段获得的资金进行核减,从而为国家节约建设资金,对加速我国社会主义现代化的进程起到重要作用。

二、限额设计

限额设计是按照投资或造价的限额进行满足技术要求的设计。它包括两方面内容,一方面是项目的下一阶段按照上一阶段的投资或造价限额达到设计技术要求,另一方面是项目局部按设定投资或造价限额达到设计技术要求。

(一)限额设计的含义

所谓限额设计,是指按照批准的可行性研究报告及投资估算控制初步设计,按照批准的初步设计总概算控制技术设计和施工图设计,同时各专业在保证达到使用功能的前提下,按分配的投资限额控制设计,严格控制不合理变更,保证总投资额不被突破。限额设计中的投资一般指静态的建筑安装工程费用,在确定投资限额时,要充分地考虑不同时间投资额的可比性,即要考虑资金的时间价值。

(二)推行限额设计的意义

1.推行限额设计是控制工程造价的重要手段

在设计中是通过投资分解和工程量控制的方法来进行限额设计的。推行限额设计能有效地克服和防止"三超"现象的发生。

2.推行限额设计有利于处理好技术与经济的关系和提高设计质量

推行限额设计有利于克服长期以来重技术、轻经济的思想,促进设计人员开动脑筋、优化设计方案、降低工程造价。

3.推行限额设计有利于增强设计单位的责任感

在实施限额设计的过程中通过奖罚管理制度,促进设计人员增强经济观念和责任感,使其既负技术责任也负经济责任。

（三）限额设计目标的合理设置

1.限额设计目标的确定

限额设计的目标值,一般是在初步设计开始之前根据批准的可行性研究报告及其投资估算的额度来确定划分的。其限额设计指标经项目经理或总设计师提出,经设计负责人审批下达,其总额度一般是按照工程建造所需生产要素耗费额度的90%左右下达,以便项目经理或总设计师及各专业设计室主任留有一定的机动调节指标。限额设计指标用完后,必须经过批准才能调整,各专业之间或专业内部设计节约下来的分配指标费用,未经批准,不能相互平衡或相互调用。

2.限额设计目标的实现

限额设计目标的实现离不开设计的优化。优化设计是以系统理论为基础,应用现代数学方法对工程设计方案、参数匹配、材料及设备选型、效益分析等方面进行优化的设计方法,是保证投资限额目标实现及造价控制的重要手段。在进行优化设计时必须根据实际问题的性质选择不同的优化方法。对于一些确定性的问题,如投资额、资源消耗、时间等有关条件,可采用线性规划、非线性规划、动态规划等理论和方法进行优化;对于一些非确定性的问题,可以采用排队论、对策论等方法进行优化;对于涉及流量的问题可以采用网络理论进行优化设计。

（四）限额设计的实施过程

限额设计的实施过程,实际上就是建设项目投资目标管理的过程,即目标分解与计划、目标实施、目标实施检查、信息反馈的控制循环过程。

1.投资分配

投资分配是实行限额设计的有效途径和主要方法。设计任务书获得批准后,设计单位在设计之前应在设计任务书的总框架内将投资先分解到各专业,然后再分配到各单项工程和单位工程,作为进行初步设计的造价控制目标。这种分配往往不只是凭设计任务书就能办到的,而是要进行方案设计并在此基础上做出决策。

2.按照限额进行初步设计

初步设计应严格按分配的造价控制目标进行。在初步设计开始之前,项目总设计师应将设计任务书规定的设计原则、建设方针和投资限额向设计人员交底,将投资限额分专业下达到设计人员,发动设计人员认真研究实现投资限额的可能性、切实性,进行多方案比选,对各技术经济方案的关键设备、工艺流程、总图方案等与各项费用指标进行比较和分析,从中选出既能达到工程要求又不超过投资限额的方案,作为初步设计方案。

3.按照限额进行施工图设计

在施工图设计中,应将初步设计概算造价作为限额。无论是建设项目总造价,还是单项工程造价,都不应该超过初步设计概算造价。设计单位按照造价控制目标确定施工图设计的构造、选用材料和设备。按照限额进行施工图设计应把握两个标准,一个是质量标准,一个是造价标准,并应做到两者协调一致,相互制约。

4.设计变更

在初步设计阶段由于外部条件的制约和人们主观认识的局限,往往会造成施工图设计阶段或施工过程中的局部修改和变更。这是使设计、建设更趋完善的正常现象,但是由此却会引起对已经确认的工程概、预算价格的变化。这种变化在一定范围内是允许的,但必须经过核算和调整。限额设计控制工程造价可以从两个角度入手:一种是按照限额设计过程从前往后依次进行控制,称为"纵向控制";另外一种途径是对设计单位及其内部各专业、科室及设计人员进行考核,实施奖惩,进而保证设计质量的一种控制方法,称为"横向控制"。

（五）限额设计的完善

1.限额设计的不足

限额设计的理论及其操作技术还有待于进一步发展。限额设计由于突出地强调了设计限额的重要性,而弱化了工程功能水平的要求及功能与成本的匹配性,可能会出现功能水平过低而增加工程运营维护成本的情况,或在投资限额内没有达到最佳功能水平的现象。限额设计中的限额包括投资估算、设计概算、施工图预算等,都是指建设项目的一次性投资,而对项目建成后的维护使用费、项目使用期满后的报废拆除费用则考虑较少,这样就可能出现限额设计效果较好,但在项目的全寿命周期中总费用不一定很经济的情况。

2.限额设计的完善

在限额设计的理论发展及其操作技术上需做如下改进和完善。

(1)合理确定和正确理解设计限额:要合理确定设计限额,就必须在各设计阶段运用价值工程的原理进行设计,尤其在限额设计目标值确定之前的可行性研究及方案设计时,加强价值工程活动分析,认真选择功能与工程造价相匹配的最佳设计方案。

(2)要合理分解及使用投资限额:现行的限额设计中的投资限额通常是以可行性研究的投资估算为最高额度,并按其90%进行下达,留下10%作为调整使用。因此,提高投资估算的科学性非常重要。为克服投资限额的不足,也可根据项目具体情况适当增加调整使用比例,以保证设计者的创造性及最优设计方案的实现,更好地解决限额设计不足的问题。

三、设计阶段工程价格的审查

设计阶段进行工程造价的审查是为了核实并合理确定工程价格,使审查后的工程价格能较好地反映工程的实际价值,符合价值规律的客观要求。

(一)设计阶段工程价格的审查原则

1.坚持实事求是的原则

坚持实事求是的原则审查工程建设产品价格,旨在使经审查的工程价格能较好地反映产品的实际价值。在审查工程建设产品价格的过程中,对影响工程价格的各种因素做深入细致的调查,对拟审的项目要进行全面地了解、分析,既要考虑工程质量安全,又要考虑经济合理。在保证质量、数量和建设进度的前提下,该增则增,该减则减,切实做到实事求是。

2.坚持合法的原则

工程概、预算价格的政策性很强,对工程概、预算价格的审查必须依据国家如《合同法》《建筑法》《招投标法》等相关法律。严格按照国家有关的方针政策、各项规章制度以及各种规范、标准等进行。

（二）设计阶段工程阶段的审查依据和步骤

1.设计阶段工程价格审查的主要依据

（1）设计类的资料：主要包括全套设计图纸（建筑施工图、结构施工图、大样图）和有关的标准图集、施工组织设计资料等。

（2）计价标准：主要包括适用的实物定额、单价标准、计价百分率标准、税率、有关部门发布的工程价格信息资料、工程价格差额调整系数及方法、现行计价规范等规定。

（3）合同文件等其他有关编制依据。

2.设计阶段工程价格的审查步骤

（1）做好审查前的准备工作：收集、分析审查依据，熟悉设计图纸，了解审查对象包括的范围，掌握审查对象适用的计价依据、采用的有关价格计算和调整条款等情况。

（2）选择合适的审查方法：按相应内容进行审查，由于工程规模、复杂程度不同等原因，所编工程概、预算的质量可能各不相同。因此，需根据具体情况区别对待，选择适当的审查方法进行审查。

（3）确认、落实审查结果：对审查出的问题需进行慎重的复核，取得确认，并进行分类整理，与编制单位交换意见，审查定案后，编制好审查报告。根据审查的结论，对受审的概、预算价格进行相应的增减调整。

（三）设计概算的审查

1.审查设计概算的编制依据

主要审查编制依据的合法性、时效性、客观性、完整性、适用范围等。

2.审查概算编制说明

审查编制说明，若编制说明有差错，具体概算必有差错；审查概算编制深度，审查是否有符合规定的"三级概算"，各级概算的编制、核对、审核是否按规定签署，有无随意简化；审查概算的编制范围。

3.审查工程概算的内容

审查工程概算的内容包括：是否根据工程所在地的自然条件的编制；审查建设规模（投资规模、生产能力等）、建设标准（用地指标、建筑标准等）、配套工程、设计定员等是否符合原批准的可行性研究报告或立项批文的标准;审查编制方法、计价依据和程序是否符合现行规定;审查工程量、材料用量和价格是否正确;审查设备规格、数量和配置是否符合设计要求;设备价格是否真实,设备原价和运杂费的计算是否正确,非标准设备原价的计价方法是否符合规定,进口设备的各项费用的组成及其计算程序、方法是否符合国家主管部门的规定;审查建筑安装工程的各项费用的计取是否符合国家或地方有关部门的现行规定,计算程序和取费标准是否正确;审查综合概算、总概算的编制内容、方法是否符合现行规定和设计文件的要求,有无设计文件外项目,有无将非生产性项目以生产性项目列入;审查总概算文件的组成内容是否完整地包括了建设项目从筹建到竣工投产为止所发生的全部费用组成;审查工程建设其他各项费用;审查项目的"三废"治理;审查技术经济指标;审查投资比例。

(四)施工图预算的审查

审查施工图预算的重点应该放在分项项目的设置工程量计算、定额基价套用、设备材料预算价格取定是否正确,各项费用标准是否符合现行规定等方面。

1.审查工程量

主要包括土方工程、打桩工程、砖石工程、混凝土及钢筋混凝土工程、木结构工程、楼地面工程、屋面工程、构筑物工程、装饰工程、金属构件制作工程、采暖工程、电气照明工程、设备及其安装工程等的工程量。

2.审查设备、材料的预算价格

主要包括:审查材料(工程设备)费用是否符合工程所在地的真实价格水平;设备、材料原价的确定方法是否正确;设备的运杂费率及其运杂费的计算基数是否正确;材料单价各项费用因素的计算是否符合规定、是否正确。

3.审查定额基价的套用

审查定额基价套用是否正确是审查预算工作的主要内容之一。主要审查预算中所列各分项工程定额基价是否与现行预算定额基价相符,其名称、规格、计量单位和所包括的工程内容是否与定额基价表一致;对于换算处理过的定额基价,首先要审查换算的对象是否是定额中允许换算的,其次审查换算方法是否正确;审查补充定额及其基价的编制是否符合编制原则,补充定额基价计算是否正确等。

4.审查有关费用项目及其计取

主要审查措施费、企业管理费、规费的计取基数与计价标准是否符合现行规定,有无巧立名目、乱计费、乱摊费用现象。[①]

综上所述,应以单位工程造价文件为重点,采取适用的重点抽查法或全面审查法等具体方法,慎重地进行设计阶段工程造价文件的审查。

第三节 施工图预算的编制

施工图预算是设计阶段控制工程造价的重要环节;是控制施工图设计不突破设计概算的重要措施;是衡量设计方案经济合理性的重要指标;是建设单位确定工程交易合同价的限额标准。在不采用工程量清单方式计价发包时,施工图预算是形成施工合同价的基础;是施工企业安排调配施工力量、组织材料供应、控制施工成本的依据。

一、施工图预算的基本概念

编制施工图预算是工程造价管理人员在项目设计阶段的主要工作内容之一,主要在施工图设计阶段进行,是设计文件的重要组成部分。建设项目施工图预算是施工图设计阶段合理确定和有效控制工程造价的重要依据。

(一)施工图预算的含义

施工图预算是在施工图设计完成后,工程开工前,根据已批准的施工图纸、现行的预算定额、费用定额和地区人工、材料、设备与机械台班等资源价格,在施工方案或施工组织设计已确定的前提下,按照规定的计算程序计算人工费、材料费、施工机械费、措施费,并计取企业管理费、规费、利润、税金等费用,确定单位工程造价的技术经济文件。

---

①李冬,毕明.建设工程造价控制与管理[M].长沙:中南大学出版社,2016.

按以上施工图预算的概念,只要是按照工程施工图以及计价所需的各种依据,在工程实施前所计算的工程价格,均可称为施工图预算价格。该施工图预算价格既可以是按照政府统一规定的预算单价、取费标准、计价程序计算而得到的属于计划或预期性质的施工图预算价格,也可以是通过招标投标法定程序后,施工企业根据自身的实力即企业定额、资源市场单价以及市场供求及竞争状况,计算得到的反映市场性质的施工图预算价格。[①]

(二)施工图预算编制的两种模式

1.传统定额计价模式

我国传统的定额计价模式是采用国家、部门或地区统一规定的预算定额、单位估价表、取费标准、计价程序进行工程造价计价的模式,通常也称为定额计价模式。由于清单计价模式中也要用到消耗量定额,为避免歧义,此处称为传统定额计价模式。它是我国长期使用的一种施工图预算的编制方法。

在传统的定额计价模式下,国家或地方主管部门颁布工程预算定额,并且规定了相应的取费标准,发布有关资源价格信息。建设单位与施工单位均先根据预算定额中规定的工程量计算规则、定额单价计算人工费、材料费、施工机械费,再按照规定的费率和取费程序计取企业管理费、规费、利润和税金,汇总得到工程造价。

即使在预算定额从指令性走向指导性的过程中,预算定额的一些因素可以按市场变化做一些调整,但其调整(包括人工、材料和机械价格的调整)也都是按造价管理部门发布的造价信息进行的,造价管理部门不可能把握市场价格的随时变化,其公布的造价信息与市场实际价格信息总有一定的滞后与偏离,这就决定了定额计价模式的局限性。

2.工程量清单计价模式

工程量清单计价模式是招标人按照国家统一的工程量清单计价规范中的工程量计算规则提供工程量清单和技术说明,由投标人依据企业自身的条件和市场价格对工程量清单自主报价的工程造价计价模式。

---

①肖作义.建筑安装工程造价[M].北京:冶金工业出版社,2012.

工程量清单计价模式是国际通行的计价方法,为了使我国工程造价管理与国际接轨,逐步向市场化过渡,我国住房和城乡建设部发布了《建设工程工程量清单计价规范》(GB 50500-2013),自2013年4月1日起实施。

(三)施工图预算的作用

施工图预算作为建设工程建设程序中一个重要的技术经济文件,在工程建设实施过程中具有十分重要的作用,可以归纳为以下几个方面。

1.施工图预算对投资方的作用

(1)施工图预算是控制造价及资金合理使用的依据:施工图预算确定的预算造价是工程的计划成本,投资方按施工图预算造价筹集建设资金,并控制资金的合理使用。

(2)施工图预算是确定工程招标控制价的依据:在设置招标控制价的情况下,建筑安装工程的招标控制价可按照施工图预算来确定。招标控制价通常是在施工概预算的基础上,考虑工程的特殊施工措施、工程质量要求、目标工期、招标工程范围以及自然条件等因素进行编制的。

(3)施工图预算是拨付工程款及办理工程结算的依据。

2.施工图预算对施工企业的作用

(1)施工图预算是建筑施工企业投标时"报价"的参考依据:在激烈的建筑市场竞争中,建筑施工企业需要根据施工图预算造价,结合企业的投标策略,确定投标报价。

(2)施工图预算是建设工程预算包干的依据和签订施工合同的主要内容:在采用总价合同的情况下,施工单位通过与建设单位的协商,可在施工图预算的基础上考虑设计或施工变更后可能发生的费用与其他风险因素,增加一定系数作为工程造价一次性包干。同样,施工单位与建设单位签订施工合同时,其中的工程价款的相关条款也必须以施工图预算为依据。

(3)施工图预算是施工企业安排调配施工力量、组织材料供应的依据:施工单位各职能部门可根据施工图预算编制劳动力供应计划和材料供应计划,并由此做好施工前的准备工作。

(4)施工图预算是施工企业控制工程成本的依据:根据施工图预算确定的中标价格是施工企业收取工程款的依据,企业只有合理利用各项资源,采取先进技术和管理方法,将成本控制在施工图预算价格以内,企业才会获得良好的经济效益。

(5)施工图预算是进行"两算"对比的依据:施工企业可以通过施工图预算和施工预算的对比分析,找出差距,采取必要的措施。

3.施工图预算对其他方面的作用

(1)对于工程咨询单位来说:客观、准确地为委托方做出施工图预算,可以强化投资方对工程造价的控制,有利于节省投资,提高建设项目的投资效益。

(2)对于工程造价管理部门来说:施工图预算是其监督检查执行定额标准、合理确定工程造价、测算造价指数及审定工程招标控制价的重要依据。

(四)施工图预算的内容

施工图预算包括单位工程预算、单项工程预算和建设项目总预算。单位工程预算是根据施工图设计文件、现行预算定额、单位估价表、费用定额以及人工、材料、设备、机械台班等预算价格资料,以一定的方法编制单位工程的施工图预算;然后汇总所有各单位工程施工图预算,成为单项工程施工图预算;再汇总所有单项工程施工图预算,形成最终的建设项目建筑安装工程的总预算。

单位工程预算包括建筑工程预算和设备安装工程预算。建筑工程预算按其工程性质分为一般土建工程预算、给排水工程预算、采暖通风工程预算、煤气工程预算、电气照明工程预算、弱电工程预算、特殊构筑物如炉窑等工程预算和工业管道工程预算等。设备安装工程预算可分为机械设备安装工程预算、电气设备安装工程预算和热力设备安装工程预算等。

(五)施工图预算的编制依据

1.国家、行业和地方政府有关工程建设和造价管理的法律法规和规定。

2.经过批准和会审的施工图设计文件和有关标准图集。

3.工程地质勘查资料。

4.企业定额、现行建设工程和安装工程预算定额和费用定额、单位估价表、有关费用规定等文件。

5.材料与构配件市场价格、价格指数。

6.施工组织设计或施工方案。

7.经批准的拟建项目的概算文件。

8.现行的有关设备原价及运杂费率。

9.建设场地中的自然条件和施工条件。

10.工程承包合同、招标文件。

二、施工图预算的编制方法

施工图预算由单位工程施工图预算、单项工程施工图预算和建设项目施工图预算逐级编制综合汇总而成。由于施工图预算是以单位工程为单位编制的,按单项工程汇总而成,所以施工图预算编制的关键在于编制好单位工程施工图预算。本节重点讲解单位工程施工图预算的编制。

《建设工程施工发包与承包计价管理办法》(建设部令第107号)规定,施工图预算、招标控制价、投标报价由成本、利润和税金构成。其编制可以采用工料单价法和综合单价法两种计价方法,工料单价法是传统的定额计价模式下的施工图预算编制方法,而综合单价法是在适应市场经济条件的工程量清单计价模式下的施工图预算编制方法。

(一)工料单价法

按照分部分项工程单价产生的方法不同,工料单价法又可以分为预算单价法和实物法。

1.预算单价法

预算单价法就是采用地区统一单位估价表中的各分项工程工料预算单价(基价)乘以相应的各分项工程的工程量,求和后得到人工费、材料费和施工机械使用费。措施费、企业管理费、规费、利润和税金可根据规定的费率乘以相应的计费基数得到,将上述费用汇总后得到该单位工程的施工图预算造价。

预算单价法编制施工图预算的基本步骤如下。

（1）编制前的准备工作：编制施工图预算的过程是具体确定建筑安装工程预算造价的过程。编制施工图预算要考虑施工现场条件因素，是一项政策性和技术性都很强的工作。因此，必须事前做好充分准备。准备工作主要包括两大方面：一是组织准备；二是资料的收集和现场情况的调查。

（2）熟悉图纸和预算定额以及单位估价表：图纸是编制施工图预算的基本依据。熟悉图纸不但要弄清图纸的内容，而且要对图纸进行审核，如图纸间相关尺寸是否有误，设备与材料表上的规格、数量是否与图示相符；详细说明、尺寸和其他符号是否正确等。若发现错误应及时纠正。另外，还要熟悉标准图以及设计更改通知（或类似文件），这些都是图纸的组成部分，不可遗漏。通过对图纸的熟悉，要了解工程的性质，系统的组成，设备和材料的规格型号和品种以及有无新材料、新工艺的采用。

预算定额和单位估价表是编制施工图预算的计价标准，对其适用范围、工程量计算规则及定额系数等都要充分了解，做到心中有数，这样才能使预算编制准确、迅速。

（3）了解施工组织设计和施工现场情况：编制施工图预算前，应了解施工组织设计中影响工程造价的有关内容。例如，各分部分项工程的施工方法，土方工程中余土外运使用的工具、运距，施工平面图中建筑材料、构件等堆放点到施工操作地点的距离等，以便能正确计算工程量和正确套用或确定某些分项工程的基价。这对于正确计算工程造价，提高施工图预算质量具有重要意义。

（4）划分工程项目和计算工程量：①划分工程项目。划分的工程项目必须和定额规定的项目一致，这样才能正确地套用定额。不能重复列项计算，也不能漏项少算。②计算并整理工程量。必须按定额规定的工程量计算规则进行计算，该扣除部分要扣除，不该扣除的部分不能扣除。当按照工程项目将工程量全部计算完以后，要对工程项目和工程量进行整理,即合并同类项和按序排列,为套用定额、计算人工、材料、机械使用费和进行工料分析打下基础。

(5)套单价(计算定额基价):即将定额子项中的基价填于预算表单价栏内,并将单价乘以工程量得出合价,将结果填入合价栏。

(6)工料分析:工料分析即按分项工程项目,依据定额或单位估价表,计算人工和各种材料的实物消耗量,并将主要材料汇总成表。工料分析的方法是:首先从定额项目表中分别将各分项工程消耗的每项材料和人工的定额消耗量查出,再分别乘以该工程项目的工程量,得到分项工程工料消耗量,最后将各分项工程工料消耗量加以汇总,得出单位工程人工、材料的消耗数量。

(7)计算主材费(未计价材料费):因为许多定额项目基价为不完全价格,即未包括主材费用在内。计算所在地定额基价费(基价合计)之后,还应计算出主材费,以便计算工程造价。

(8)按费用定额取费:即按有关规定计取措施费以及按当地费用定额的取费规定计取企业管理费、规费、利润、税金等。

(9)计算汇总工程造价。

2.实物法

用实物法编制单位工程施工图预算,就是根据施工图计算的各分项工程量分别乘以地区定额中人工、材料、施工机械台班的定额消耗量,分类汇总得到该单位工程所需的全部人工、材料、施工机械台班消耗数量,然后再乘以当时当地人工工日单价、各种材料单价、施工机械台班单价,求出相应的人工费、材料费、机械使用费,再加上措施费。间接费、利润及税金等费用计取方法与预算单价法相同。

实物法的优点是能比较及时地将反映各种材料、人工、机械市场情况的当时当地市场单价计入预算价格,不需调价,反映当时当地的工程价格水平。

实物法编制施工图预算的基本步骤如下。

(1)编制前的准备工作:具体工作内容同预算单价法相应步骤的内容。但此时要全面收集各种人工、材料、机械台班的当时当地的市场价格,应包括不同品种、规格的材料单价;不同工种、等级的人工工日单价;不同种类、型号的施工机械台班单价等。要求获得的各种价格应全面、真实、可靠。

(2)熟悉图纸和预算定额:本步骤的内容同预算单价法相应步骤。

(3)了解施工组织设计和施工现场情况:本步骤的内容同预算单价法相应步骤。

(4)划分工程项目和计算工程量:本步骤的内容同预算单价法相应步骤。

(5)套用定额消耗量,计算人工、材料、机械台班消耗量:根据地区定额中人工、材料、施工机械台班的定额消耗量,乘以各分项工程的工程量,分别计算出各分项工程所需的各类人工工日数量、各类材料消耗数量和各类施工机械台班数量。

(6)计算并汇总单位工程的人工费、材料费和施工机械使用费:在计算出各分部分项工程的各类人工工日数量、材料消耗数量和施工机械台班数量后,先按类别相加汇总求出该单位工程所需的各种人工、材料、施工机械台班的消耗数量,分别乘以当时当地相应人工、材料、施工机械台班的实际市场单价,即可求出单位工程的人工费、材料费、机械使用费。

(7)计算其他费用,汇总工程造价:对于措施费、间接费、利润和税金等费用的计算,可以采用与预算单价法相似的计算程序,只是有关费率需根据当时当地建设市场的供求情况确定。将上述各项费用汇总即为单位工程预算造价。

(8)复核:检查人工、材料、机械台班的消耗量计算是否准确,有无漏算、重复计算或多算;套取的定额是否正确;检查采用的实际价格是否合理。

(9)编制说明,填写封面。

实物法编制施工图预算的步骤与预算单价法基本相同,但在具体计算人工费、材料费和机械使用费及汇总三种费用之和方面有一定区别。实物法编制施工图预算所用人工、材料和机械白班的单价都是当地的实际价格,编制的预算可较准确地反映实际水平,误差较小,适用于市场经济条件波动较大的情况。由于采用该方法需要统计人工、材料、机械台班的消耗量，还需搜集相应的实际价格，工作量较大，计算过程烦琐。

（二）综合单价法

综合单价法是指分项工程单价综合了人工费、材料费和施工机械使用费及以外的多项费用。按照单价综合的内容不同，综合单价法可分为全费用综合单价和清单综合单价。

1.全费用综合单价

全费用综合单价，即单价中综合了分项工程人工费、材料费、机械费、企业管理费、利润、规费、税金以及一定范围的风险等全部费用。以各分项工程量乘以全费用综合单价的合价汇总后，再加上措施项目的完全价格，就生成了单位工程施工图造价。

2.工程量清单综合单价

按照《建设工程工程量清单计价规范》(GB 50500-2013)的规定，工程量清单综合单价中综合了人工费、材料费、施工机械使用费、企业管理费、利润，并考虑了一定范围的风险费用，但并未包括措施费、规费和税金，因此它是一种不完全单价。以各分部分项工程量乘以该综合单价的合价汇总后，再加上措施项目费、规费和税金后，就形成单位工程预算造价。[①]

---

①周述发，李清和.建筑工程造价管理[M].武汉:武汉工业大学出版社,2001.

第六章 建设项目施工、竣工阶段的工程造价管理

施工、竣工阶段是合同工程实施的关键阶段,这个阶段的工程造价管理工作重点在于做好工程的期中结算、竣工结算。本章拟对建设项目施工、竣工阶段的工程造价管理进行详细阐述。

第一节 施工阶段的工程期中价款结算

合同工程期中价款结算也称"中间结算",是指承包商在合同工程实施过程中,根据发承包合同中有关条款的规定进行的合同价款计算、调整和确认。工程期中价款结算主要有月度结算、季度结算、年度结算、形象进度结算等具体形式。

无论上述哪种形式的期中价款结算,都须根据工程预付款的支付与扣回,工程进度款的支付,安全文明施工费的支付工程变更、施工索赔、现场签证等有关事项引起的合同价款调整额(追加或追减的合同价款)等项内容,进行计算确定。

一、工程预付款

(一)工程预付款及其支付与扣回

工程预付款,是在工程开工前,发包人按照合同约定预先支付给承包人用于购买合同施工所需的材料工程设备以及组织施工机械和人员进场等的款项。工程预付款是发包人因承包人为准备施工而履行的协作义务。承包人须将预付款专用于合同工程。

1.工程预付款支付

根据现行计价规范规定,对实行包干、包料方式承包的项目,工程预付款的支付比例不得低于签约合同价(扣除暂列金额)的10%,不得高于签约合同价(扣除暂列金额)的30%。一般项目在开工前即应支付工程预付款。重大工程项目按年度逐年预付,此时,预付款的总金额、分期拨付次数、每次付款金额及时间等,应据工程规模、工期长短等具体情况在合同中约定。

2.工程预付款的扣回

根据现行计价规范规定当承包人完成签约合同价款的比例达到20%～30%时,开始从每个支付期应支付给承包人的工程进度款中按约定的比例逐渐扣回,直到扣回的金额达到合同约定的预付款金额为止。

(二)工程预付款办理的程序

工程预付款的办理程序如下。

1.提出预付款支付申请

承包人在签订合同或向发包人提供与预付款等额的预付款保函后,向发包人提出预付款支付申请。

2.向承包人发出预付款支付证书

发包人应在收到预付款支付申请的7天内进行核实,向承包人发出预付款支付证书,并在签发支付申请的7天内向承包人支付预付款。发包人没有按合同约定按时支付预付款的,承包人可催告发包人支付;发包人在预付款期满后的7天内仍未支付的,承包人可在预付款期满后的第8天起暂停施工,发包人应承担由此增加的费用和延误的工期并向承包人支付合理的利润。

(三)工程预付款的计算

1.工程预付款支付额

工程预付款支付额=签约合同价×预付款支付比例,预付款支付比例依照合同约定(多为扣除暂列金额后签约合同价的10%～30%)。

2.工程预付款扣回额

工程预付款扣回额=预付款支付额×预付款扣回比例,预付款扣回比例及预付款的起扣点应按合同约定进行确定。

二、安全文明施工费

安全文明施工费,是合同履行过程中,承包人依照国家法律法规、标准等规定,为保证安全施工、文明施工,保护现场内外环境和搭拆临时设施等,所采用的措施而发生的费用。

发包人应在开工后预付不低于当年施工进度计划的安全文明施工费总额的60%,其余部分应按照提前安排的原则进行分解,并应与进度款同期支付。此项费用的计算公式如下:

安全文明施工费=适用的计算基数×安全文明施工费率

其中"计算基数"为分部分项工程费中的人工费、施工机具费与单价措施项目费中的人工费、施工机具费之和或分部分项工程费与单价措施项目费中的人工费之和。"安全文明施工费率"依照有关单位的具体规定。

发包人没有按时支付安全文明施工费,承包人可催告发包人支付,发包人在付款期满后的7天内仍未支付的,若发生安全事故,发包人应承担相应责任。[①]

三、合同价款调整

合同价款调整,是指合同价款调整因素出现后,发、承包双方根据合同的约定,对其合同价款进行变动的提出、计算和确认。经确认的合同价款调整额作为追加(减)的合同价款调整费用应与工程进度款与结算款同期支付。

(一)合同价款调整因素

合同价款调整因素亦即引起合同价款调整的事项。根据现行计价规范的规定,主要事项有:法律法规变化、工程变更、项目特征不符、工程量清单缺项、工程量偏差、计日工、物价变化、暂估价、不可抗力、提前竣工

---

①徐锡权,刘永坤,孙家庭. 建设工程造价管理[M]. 青岛:中国海洋大学出版社,2010.

（赶工补偿）、误期赔偿、索赔、现场签证、暂列金额以及发、承包双方约定的其他调整事项等。出现上述合同价款调整事项（但不限于），双方应当按照合同的约定调整合同价款。

（二）合同价款调整程序

1.提出调整要求

出现合同价款调整事项（不含工程量偏差、计日工、现场签证、索赔）后的14天内，承包人应向发包人提交合同价款调整报告并附上相关资料；承包人在14天内未提交合同价款调整报告的应视为承包人对该事项不存在调整价款请求。

2.确认

应在收到承（发）包人合同价款调增（减）报告及相关资料之日起14天内对其核实，予以确认的，应书面通知提出人，若有疑问，应向对方提出协商意见；在收到合同价款调增（减）报告之日起14天内未确认也未提出协商意见的，应视为提交的合同价款调增（减）报告已被对方认可。提出协商意见的，应在收到协商意见后的14天内对其核实，予以确认的应书面通知对方；若在收到协商意见后14天内既不确认也未提出不同意见的，应视为提出的意见已被认可。

3.支付

经发、承包双方确认调整的合同价款，作为追加（减）合同价款，应与工程进度款或结算款同期支付。

4.异议处理

对合同价款调整有不同意见，不能达成一致的，只要对双方履约不产生实质影响，双方应继续履行合同义务，直到其按照合同约定的争议解决方式得到处理。

（三）主要调整事项的合同价款调整费

1.法律法规变化的调整费

招标工程以投标截止到日前28天、非招标工程以合同签订前28天为基准日，其后，国家的法律法规、规章和政策发生变化引起工程造价增减变化的，发、承包双方应按照省级或行业建设主管部门或其授权的工程造价管理机构据此发布的规定,调整合同价款(承包人原因导致工期延误者,不予调整)。

2.工程变更调整费

工程变更,指合同工程实施过程中由发(承)包人提出(经发包人批准)的合同工程任何一项工作的增、减、取消或施工工艺、顺序、时间的改变;设计图纸的修改,施工条件的改变,招标工程量清单的错、漏从而引起合同条件的改变或工程量的增减变化等。

3.工程量偏差调整费

工程量偏差,是指承包人按照合同工程的图纸实施,根据现行的专业工程工程量计算规范规定的工程量计算规则计算得到的,完成合同工程项目应予计量的工程量与相应的招标工程量清单项目列出的工程量之间出现的量差。履约中,当应予计算的实际工程量与招标工程量清单出现偏差,且符合现行计价规范有关规定时,应调整合同价款。

4.计日工调整费

计日工,是在施工过程中,承包人完成发包人提出的工程合同范围以外的零星项目或工作,按合同中约定的单价计价的一种方式。采用计日工计价的任何一项变更工作,在该项变更的实施过程中,承包人应按合同约定提交现行计价规范规定的必要资料送发包人复核。

任一计日工项目实施结束后,原包人应按照确认的计日工现场签证报告,核实该项目的工程数量,并应根据核实的工程数量和承包人已标价工程量清单中的计日工单价计算提出应付价款;已标价工程量清单中没有该类计日工单价的,由发、承包双方按现行计价规范的有关规定商定计日工单价计算的方法。

每个支付期末,承包人应按照现行计价规范的规定向发包人提交本期间所有计日工记录的签证汇总表,并应说明本期间内已认为有权得到的计日工金额,调整合同价款,列入进度款支付。

5.物价变化调整费

指合同履行期间,因人工、材料、工程设备、机械台班价格波动影响工程成本而导致的合同价款调整额。

6.提前竣工(赶工)补偿费

发包人要求合同工程提前竣工,应征得承包人同意后与承包人商定采取加快工程进度的措施,并应修订合同工程进度计划。发包人应承担承包人由此增加的提前竣工(赶工补偿)费用。发、承包双方应在合同中约定提前竣工每日历天应补偿的额度,此项费用应作为增加合同价款列入竣工结算文件中,应与结算款一并支付。

7.索赔调整费

是在工程合同履行过程中,合同当事人一方因非己方的原因而遭受损失,按合同约定或法律法规规定应由对方承担责任,从而向对方提出赔偿、补偿的要求而导致的合同价款调整额。

8.现场签证费

指因发包人现场代表与承包人现场代表就施工过程中涉及的责任事件所做的签认证明导致的合同价款调整额。

在施工中,发现合同工程内容与场地条件、地质水文、发包人要求等不一致时,承包人应提供所需的相关资料并提交发包人签证认可作为合同价款调整的依据。

上述诸事项引发的合同价款调整额均须严格按照现行计价规范的规定进行计算和确认。确认的合同价款调整额作为追加(减)的合同价款调整费用,应与工程进度款与结算款同期支付。

四、工程进度款

工程进度款,是指在合同工程施工过程中,发包人按照合同约定,对付款周期内承包人完成的合同价款给予支付的款项,属于合同价款的期中结算支付。

(一)进度款的支付要求与方式

1.工程进度款支付的要求

发、承包双方应按照合同约定的时间、程序和方法,根据工程计量结果办理期中价款结算,支付进度款;进度款支付周期应与合同约定的工程计量周期一致;进度款的支付比例按照合同约定按期中结算价款总额计,不低于60%,不高于90%。

2.工程进度款支付方式

(1)按月结算与支付:即实行按月支付进度款,竣工后结算的办法。合同工期在两个年度以上的工程在年终进行工程盘点,办理年度结算。

(2)分段结算与支付:即当年开工、当年不能竣工的工程按照工程形象进度,划分不同阶段支付工程进度款。当采用分段结算方式时,应在合同中约定具体的工程分段划分,付款周期应与工程计量周期一致。

(二)进度款的内容

1.本周期实际应支付的进度款包括的内容

本周期实际应支付的进度款为本期合计完成的合同价款扣减本期合计应扣减的款项。①本周期合计完成的合同价款。②本周期合计应扣减的款项。

2.本周期实际应支付的进度款计算

本周期实际应支付的合同价款应按下列公式计算:本周期实际应支付的合同价款=(本期已完成单价项目金额+应支付的总价项目金额+已完成的计日工价款+应支付的安全文明施工费+应增加的金额)—(本期应扣回的预付款+应扣减的金额)。

(三)进度款的办理程序及方法

根据现行计价规范的规定,进度款应严格按照下列程序办理。

1.发包人应在收到承包人进度款支付申请后的14天内对申请内容予以核实,确认后向承包人出具进度款支付证书。若发、承包双方对部分清单项目的计量结果出现争议,发包人应对无争议部分的工程计量结果向承包人出具进度款支付证书。

2.发包人应在签发支付证书后的14天内按证书列明的金额向承包人支付进度款。

3.发包人逾期未签发进度款支付证书,则视为承包人提交的进度款支付申请已被发包人认可,承包人可向发包人发出催告付款的通知。发包人应在收到通知后的14天内,按照承包人支付申请的金额向承包人支付进度款。

4.发包人未按照现行计价规范的规定支付进度款的,承包人可催告发包人支付,并有权获得延迟支付的利息;发包人在付款期满后的7天内仍未支付的,承包人可在付款期满后的第8天起暂停施工,发包人应承担由此增加的费用和延误的工期,向承包人支付合理利润,并应承担违约责任。

5.发现已签发的支付证书有错、漏或重复的数额,发包人有权修正,承包人有权提出修正申请。经发、承包双方复核同意修正的应在本次到期的进度款中支付或扣除。

合同工程的期中价款结算是通过工程进度款的支付实现的。它涉及发、承包双方重大经济利益,须按现行计价规范正确地计算、确认并支付工程进度款。

第二节 竣工阶段工程竣工结算

工程项目竣工阶段是建设项目实施的最后阶段,也是造价管理的最终环节。如果不有效管理竣工阶段的造价,建设项目前面几个阶段所做的工程造价控制将失去意义。

一、工程竣工结算及其编制依据

工程竣工结算是指按施工合同、工程进度、建设监理,特别是工程实施过程中发生的超出施工合同范围的工程变更情况所办理的工程价款的计算,它是调整施工图预算价格、确定工程项目最终结算价格的过程与环节。

(一)工程竣工结算

竣工结算是承包方将所承包的工程按照合同规定全部完工交付之后,向发包单位进行的最终工程价款结算。竣工结算由承包方的预算部门负责编制。

工程竣工结算价,包括了在履行合同过程中按合同约定进行的合同价款调整,是承包人按合同约定完成全部承包工作后,发包人应付给承包人的合同总金额。它是工程期中结算的汇总,包括单位工程竣工结算、单项工程竣工结算、建设项目竣工结算。工程完工后,发、承包双方必须在合同约定的时间内办理工程竣工结算。工程竣工结算应由承包人或受其委托具有相应资质的工程造价咨询人编制,并应由发包人或受其委托具有相应资质的工程造价咨询人核对。

(二)工程竣工结算编制与复核的依据

工程竣工结算应根据下列依据编制和复核。

《建设工程工程量清单计价规范》(GB 50500-2013)及其相关专业工程的工程量计算规范;工程合同;发、承包双方实施过程中已确认的工程量及其结算的合同价款;发、承包双方实施过程中已确认调整后追加(减)的合同价款;建设工程设计文件及相关资料;投标文件;工程造价管理部门发布的工程价格信息、造价指数;批准的可行性研究报告和投资估算书;其他有关依据等。

(三)工程竣工结算的重要作用

1.竣工结算是办理交付使用资产的重要依据

建设项目竣工结算是办理交付使用资产的依据,也是竣工验收报告的重要组成部分。建设单位与使用单位在办理交付资产的验收交接手续时,通过竣工结算反映了最终交付使用资产的全部价值,包括固定资产、流动资产、无形资产和递延资产的价值。同时它还详细提供了交付使用资产的名称、规格、数量、型号和价值等明细资料,是使用单位确定各项新增资产价值并登记入账的依据。

2.竣工结算是基本建设成果和财务状况的综合反映

建设项目竣工结算包括基本建设项目从开始建设到竣工验收为止的全部实际费用。它采用货币指标、建设工期、实物数量和各种技术经济指标,综合、全面地反映基本建设项目的建设成果和财务状况。

3.竣工结算是竣工验收的重要依据

基本建设程序规定当批准的设计文件规定的工业项目,经负荷运转和试生产,并生产合格的产品以及民用项目符合设计要求能正常使用时,应及时组织竣工验收、对建设项目进行全面考核。竣工验收之前,建设单位向主管部门提出验收报告的重要组成部分是建设单位编制的竣工结算文件。验收人员既要检查建设项目的实际建筑物、构筑物和生产设备与设施的生产和使用情况，又要审查竣工结算的有关内容和指标，确定项目的验收结果。

4.竣工结算是企业经济核算的重要依据

竣工结算可使生产企业正确计算已投入使用的固定资产折旧费，保证产品成本的真实性，合理计算生产成本和企业利益，促使企业加强经营管理、增加盈利。

5.竣工结算是总结建设经验的重要依据

通过编制竣工结算、全面清理财务，便于及时总结建设经验，积累各项技术经济资料、指标，不断改进基本建设管理工作，提高投资效果。

二、工程竣工结算的办理程序

工程竣工结算是工程项目承包中一项十分重要的工作，需要按照一定程序办理。

（一）提交工程竣工结算文件

合同工程完工后，承包人应在经发、承包双方确认的合同工程期中价款结算基础上汇总编制完成竣工结算文件，并应在提交竣工验收申请的同时向发包人提交结算文件。

承包人未在合同约定的时间内提交竣工结算文件，经发包人催告后14天内仍未提交或没有明确答复的，发包人有权根据已有资料编制竣工结算文件，作为办理竣工结算和支付结算款的依据，承包人应予以认可。

（二）核对工程竣工结算文件

发包人应在收到提交的竣工结算文件后的28天内核对。若经核实，认为承包人还应进一步补充资料和修改结算文件的，应在上述时限内向承包人提出核实意见，承包人在收到核实意见后的28天内应按照发包人提出的合理要求补充资料、修改竣工结算文件，并应再次提交给发包人复核后批准。

发包人应在收到承包人再次提交的竣工结算文件后的28天内予以

复核。发包人在收到承包人竣工结算文件后的28天内不核对竣工结算或未提出核对意见的,应视为承包人提交的竣工结算文件已被发包人认可,竣工结算办理完毕;承包人在收到发包人提出的核实意见后的28天内不确认也未提出异议的,应视为发包人提出的核实意见已被承包人认可,竣工结算办理完毕。

(三)通知复核结果,无异议者签字确认

发包人应遵守下列规定,将竣工结算文件的复核结果及时通知承包人。

1.复核结果无异议者

发包人、承包人对竣工结算文件的复核结果无异议的,应于7天内在竣工结算文件上签字确认,竣工结算办理完毕。

2.复核结果有异议者

若对复核结果有异议的,应按规定对无异议部分办理不完全竣工结算。

(四)处理异议

对有异议部分由双方协商解决,协商不成应按合同约定的争议解决方式处理,直至妥当解决争议。

当发、承包双方或一方对工程造价咨询人出具的竣工结算文件有异议时,也可向工程造价管理机构投诉,申请对其进行执业质量鉴定。工程造价管理机构对投诉的竣工结算文件进行质量鉴定,应按现行计价规范的相关规定进行。

(五)报送工程竣工结算文件、备案

竣工结算办理完毕发包人应将结算文件报送工程所在地或有该工程管辖权的行业管理部门的工程造价管理机构备案,该文件应作为工程竣工验收备案、交付使用的必备文件。

三、工程竣工结算的编制

及时、准确地编制竣工结算,对于总结建设过程中的经验教训、进一步提高工程造价管理水平以及积累技术经济资料等方面有着重要意义。

(一)工程竣工结算各项因素的计算

根据现行计价规范的规定,建筑安装工程竣工结算价由分部分项工程费、措施项目费、其他项目费、规费和税金组成。

1.分部分项工程费的计算

分部分项工程费,应依据发、承包双方确认的工程量与已标价工程量清单的综合单价计算;发生调整的,应以发、承包双方确认调整的综合单价计算,即分部分项工程费=∑分部分项工程综合单价×确认的分部分项工程量。

2.措施项目费的计算

措施项目费包括单价措施项目费和总价措施项目费,须分别进行计算。

(1)单价措施项目费:单价措施项目费应依据发、承包双方确认的工程量与已标价工程量清单的综合单价计算,发生调整的应以发、承包双方确认调整的综合单价计算。

(2)总价措施项目费:总价措施项目费应依据已标价工程量清单的项目和金额计算;发生调整的,应以发、承包双方确认调整的金额计算,其中,安全文明施工费应按规定的适用基数乘以相应的费率标准进行计算。

加总单价措施项目费和总价措施项目费即为整个措施项目费。

3.其他项目费的计算

其他项目费中包括的各项内容,应按下列规定进行计价。

(1)计日工:计日工应按发包人实际签证确认的事项计算。

(2)暂估价:应分为材料、工程设备的暂估价、专业工程的暂估价,按下列规定计算:①材料(工程设备)的暂估价计算。发包人在工程量清单中给定暂估价的材料、工程设备属于依法必须招标的,应由发、承包双方以招标的方式选择供应商、确定价格,并以此为依据取代暂估价、调整合同价格;不属于依法必须招标的材料、工程设备,由承包人按合同约定采购,经发包人确认单价后取代暂估价,调整合同价格。②专业工程的暂估价计算。发包人在工程量清单中给定暂估价的专业工程属于依法必须招标的,应由发、承包双方以招标的方式选择中标人,并以中标价为依据取代专业工程暂估价、调整合同价格;不属于依法必须招标的专业工程,应按照现行计价规范有关工程变更的具体规定,确定工程价款取代专业工程暂估价、调整合同价格。

（3）总承包服务费:总承包服务费应依据已标价工程量清单的金额计算;发生调整的,应以发、承包双方确认调整的金额计算。

（4）索赔费用:索赔费用应依据发、承包双方签证资料确认的金额计算。

（5）现场签证费用:现场签证费用应依据发、承包方签证资料确认的金额计算。

（6）暂列金额:暂列金额应减去合同价款调整金额计算,如有余额,余额应归发包人。

4.规费和税金

规费和税金应按现行计价规范的规定计算。规费中的"工程排污费"应按工程所在地环境保护部门规定的标准缴纳后按实列入结算价中。

发、承包双方在合同工程实施过程中已经确认的工程计量结果和合同价款,在竣工结算办理中应直接进入结算价中。①

（二）工程竣工结算的计价程序

工程竣工结算包括建设项目竣工结算、单项工程竣工结算、单位工程竣工结算。编制时,先编制单位工程竣工结算,而后综合单位工程竣工结算得到单项工程竣工结算,最后汇总单项工程竣工结算得到建设项目竣工结算。其中,单位工程竣工结算是最重要、最基本的竣工结算文件。

---

①张宝军. 现代建筑设备工程造价应用与施工组织管理[M]. 北京:中国建筑工业出版社,2004.

第三节 工程变更、索赔与结算的管理

施工、竣工阶段工程造价管理的重点是工程变更的管理、工程索赔的管理、工程结算价的复核与审查等。

一、工程变更的管理

由于工程建设的周期长、涉及的经济关系和法律关系复杂、受自然条件和客观因素的影响,合同工程履行中变更不可避免。工程变更包括工程量变更、工程项目的变更(如发包人提出增加或者削减原项目内容)、进度计划的变更、施工条件变更等。通常将工程变更分为设计变更和其他变更两大类。一般由设计变更导致合同价款的增减及造成的承包人损失,由发包人承担;由其他变更导致合同价款的变化,双方协商解决。

(一)工程变更的相关规定

能构成设计变更的事项包括:更改有关部分的标高、基线、位置和尺寸;增减合同中约定的工程量;改变工程施工时间和顺序;其他有关工程变更需要的附加工作等。

发包人提出设计变更的规定:发包人应在不迟于变更前14天以书面形式向承包人发出变更通知。但若变更超过原设计标准或批准的建设规模时,须经原规划管理部门和其他有关部门审批,并由原设计单位提供变更图纸和说明。发、承包人承担由此发生的费用和工期。

承包人提出设计变更的规定:施工中承包人提出的合理化建议涉及对设计图纸或者施工组织设计的更改以及对材料、设备的更换,须经业主工程师同意,并须经原规划管理部门和其他有关部门审批,由原设计单位提供变更图纸和说明。若实施未经工程师同意的设计变更,承包人承担由此发生的费用,并赔偿发包人的有关损失,延误的工期不予顺延。

其他变更的规定:除设计变更外,其他能够导致合同内容变更的都属于其他变更。如双方对工程质量要求的变化(当然是强制性标准以上的变化)、双方对工期要求的变化、施工条件和环境的改变及其导致的施工机械和材料的变化等。这些变更的程序,首先应当由一方提出,与对方协商一致签署补充协议后,方可变更。

(二)工程变更的合同价款确定

1.工程变更的合同价款确定程序

(1)承包人在工程变更确定后14天内提出变更工程价款的报告,经工程师确认后调整合同价款。否则,视为该项变更不涉及合同价款的变更。

(2)工程师应在收到变更工程价款报告之日起14天内予以确认,工程师无正当理由不确认时,自变更工程价款报告送达之日起14天内视为变更工程价款报告已被确认。

(3)工程师确认增加的工程变更价款作为追加合同价款,与工程款同期支付。工程师不同意承包人提出的变更价款按合同中关于争议的约定处理。

(4)因承包人自身原因导致的工程变更,承包人无权要求追加合同价款。

(5)合同中综合单价因工程量变更需调整时,除合同另有约定外,应按下列办法确定:工程量清单漏项或设计变更引起的新的工程量清单项目,其相应综合单价由承包人提出,经发包人确认后作为结算的依据。工程量清单的工程数量有误或设计变更引起工程量增减属合同约定幅度以内的,应执行原有的综合单价;属合同约定幅度以外的,其增加部分的工程量或减少后剩余部分的工程量的综合单价由承包人提出,经发包人确认后作为结算的依据。

2.工程变更价款的确定方法

(1)合同中已有适用于变更工程的价格,按合同中已有的价格计算、变更合同价款。

(2)合同中只有类似变更工程的价格,可参照此价格确定变更价格、变更合同价款。

(3)合同中没有适用或类似于变更工程的价格,由承包人提出适当的变更价格,经工程师确认后执行。

二、工程索赔的管理

建设工程索赔是指在工程合同履行过程中,合同当事人一方因非自身过失蒙受损失,通过合法程序向违约方或责任方提出补偿或赔偿要求的工作,包括费用索赔和工期索赔。

(一)索赔原因的分析与管理

导致索赔事项发生的主要因素可分为三类:业主原因、项目建设条件的变化、不可抗力的出现。引发索赔的主要因素通常应包括不利的自然条件与人为障碍,工程变更,业主不正当地终止、中止工程,物价上涨,法律法规、政策变化,货币及汇率变化,业主违约,不可抗力,其他因素干扰等。工程合同履行过程中需高度关注上述因素,一旦出现端倪,需及时跟踪分析,准确记录并预测这些因素发生、发展的状态和趋势以及可能造成的影响和后果,随时准备编制费用索赔申请(核准)表,进行索赔。

(二)索赔证据的管理

1.对索赔证据的要求

索赔证据是否符合要求是关系索赔能否成功的关键。有效索赔证据的要求包括以下几点。

(1)真实性:索赔证据必须是在实施合同过程中确定存在和发生的,必须能完全反映实际情况,能经得起推敲。

(2)全面性:所提供的证据应能说明事件的全过程。索赔报告中涉及的索赔理由、事件过程、影响、索赔数额等都应有相应证据,不能零乱和支离破碎。

(3)关联性:索赔的证据应当能够互相说明,相互具有关联性,不能互相矛盾。

(4)及时性:索赔证据的取得及提出应当及时,满足索赔的时效性要求。

(5)具有法律证明效力:一般要求证据必须是书面文件,有关记录、协议、纪要必须是双方签署的;工程中重大事件、特殊情况的记录、统计必须由合同约定的发包人现场代表或监理工程师签证认可。

2.索赔证据的种类

(1)招标文件、工程合同、发包人认可的施工组织设计、工程图纸、技术规范等。

(2)工程各项有关的设计交底记录、变更图纸、变更施工指令等。

(3)工程各项经发包人或合同中约定的发包人现场代表或监理工程师签认的签证。

(4)工程各项往来信件、指令、信函、通知、答复等。

(5)工程各项会议纪要。

(6)施工计划及现场实施情况记录。

(7)施工日报及工长工作日志、备忘录。

(8)工程送电、送水、道路开通、封闭的日期及数量记录。

(9)工程停电、停水和干扰事件影响的日期及恢复施工的日期。

(10)工程预付款、进度款拨付的数额及日期记录。

(11)工程图纸、图纸变更、交底记录的送达份数及日期记录。

(12)工程有关施工部位的照片及录像等。

(13)工程现场气候记录,有关天气的温度、风力、雨雪等。

(14)工程验收报告及各项技术鉴定报告等。

(15)工程材料采购、订货、运输、进场、验收、使用等方面的凭据。

(16)国家和省级或行业建设主管部门有关影响工程造价、工期的文件、规定等。

上述各项都是具体真实反映索赔事项及其导致损失状态的客观证据,是提出并计算、实施索赔必需的重要依据,应当按照现行计价规范的要求做好管理工作。

(三)索赔计算的管理

费用索赔的计算方法主要采用实际费用法。该方法是按照每项索赔事件所引起损失的费用项目分别分析计算索赔额,然后将各费用项目的索赔额汇总得到索赔费用总额的方法。这种方法以承包商为某项索赔工作所支付的实际开支为依据,但仅限于由于索赔事项引起的、超过原计划的费用,故也称"额外成本法"。

工期索赔的计算主要有网络图分析法和比例计算法两种。

须严格按照现行计价规范中关于索赔计算的规定计算索赔额及索赔工期日数。[①]

三、工程结算的审核

对工程结算进行认真审核,有利于合理确定工程造价,提高投资效益;有利于对工程造价的合理确定进行科学地管理和监督,更有效地配置建设资源;有利于维护国家财经纪律,公正地保障各方合同当事人的合法权益。审核工程结算通常从以下几方面进行:一是审核工程结算的编制依据是否符合现行计价规范的规定,须对工程结算编制必需的各类依据的真实性、全面性、时效性、关联性、法律效力等重要方面进行审核。二是审核工程结算的内容及其计价程序是否符合现行计价规范的规定。三是审核工程结算的计算方法是否符合现行计价规范的规定,计算结果是否正确。

总之,无论是工程的期中结算还是竣工结算都关系着发、承包双方的重大经济利益,必须根据现行的工程造价管理制度、现行计价规范的规定对工程结算进行严格的审核。

①徐锡权,刘永坤,孙家庭. 建设工程造价管理[M]. 青岛:中国海洋大学出版社,2010.

第七章 建设工程造价管理新技术

本章将重点介绍现代工程造价管理发展模式中的全过程造价管理、全要素造价管理、全寿命周期造价管理的概念及主要内容,常用的图形算量软件及工程计价软件概述,BIM技术的概念、特点及其在工程造价管理中的主要应用以及国外建设工程的造价与管理。

第一节 现代工程造价管理发展模式

工程造价管理理论随现代管理科学的发展而发展,是在建设工程投资决策、设计、发承包、施工、竣工验收的各个阶段,基于建设工程项目全寿命周期,对工程的建造成本、质量、工期、安全以及环境等要素进行的集成管理。每一种模式都体现了工程造价管理发展的需要。

一、全过程造价管理

全过程造价管理是为确保建设项目的投资效益,对建设项目从可行性研究开始,经初步设计、扩大初步设计、施工图设计、承发包、施工、调试、竣工、投产、决算、后评估等整个过程,围绕工程造价所进行的全部业务行为和组织活动,是通过制定工程计价依据和管理办法,对建设项目从决策、设计、交易、施工至竣工验收全过程造价,实施合理确定、有效控制的理论和方法。

(一)全过程造价管理的内涵

1.多主体的参与和投资效益最大化

全过程造价管理的根本指导思想是通过多主体的参与,使得项目的投资效益最大化以及合理地使用项目的人力、物力和财力,以降低工程造价。

2.强调全过程的协作与配合

全过程造价管理作为一种全新的造价管理模式,强调建设项目是一个过程,是一个项目造价决策和实施的过程,在全过程的各个阶段需要协作配合。

3.基于活动的造价确定方法

此方法是将一个建设项目的工作分解成项目活动清单,然后使用工料机计量方法确定出每项活动所消耗的资源,最终根据这些资源的市场价格信息确定出一个建设项目的造价。

4.基于活动的造价控制方法

这种方法强调一个建设项目的造价控制必须从项目的各项活动及其活动方法的控制入手,通过减少和消除不必要的活动去减少资源消耗,从而实现降低和控制建设项目造价的目的。

(二)全过程造价管理的内容

全过程造价管理的两项主要内容为工程造价的合理确定和工程造价的有效控制。

1.工程造价的合理确定

全过程造价管理模式中工程造价的合理确定是按照基于活动的项目成本核算方法进行的。这种方法的核心指导思想是:任何项目成本的形成都是由于消耗或占用一定资源造成的,而任何这种资源的消耗和占用都是由于开展项目活动造成的,所以只有确定了项目的活动才能确定出项目所需消耗的资源,而只有在确定了项目活动所消耗或占用的资源后才能科学地确定项目活动造价,最终才能确定出一个建设项目的造价。这种确定造价的方法实际上就是国际上通行的基于活动成本核算的方法,也称工程量清单法或工料测量法。

2.工程造价的有效控制

全过程造价管理模式中工程造价的有效控制是按照基于活动的项目成本控制方法进行的。这种方法的核心指导思想是:任何项目成本的节约都是由于项目资源消耗和占用的减少带来的,而项目资源消耗和占用的减少只有通过项目减少或消除项目的无效或低效活动才能做到。所以只有减少或消除项目无效或低效活动以及概算项目低效活动的方法才能有效控制和降低建设项目的造价。建设项目造价的控制方法则是按照基于活动的管理原理和方法去开展建设项目造价管理的技术方法。

3. 二者关系

工程造价的合理确定是工程造价有效控制的基础和载体;工程造价的有效控制贯穿于工程造价合理确定的全过程,工程造价的合理确定过程也就是工程造价有效控制的过程。

(三)全过程造价管理的技术方法

全过程造价管理的技术方法主要有基本方法和辅助方法两部分。其中,基本方法主要包括全过程造价管理的分解技术方法、全过程造价确定技术方法、全过程造价控制技术方法;辅助方法主要包括建设项目全要素集成造价管理技术方法、建设项目全风险造价管理技术方法、建设项目全团队造价管理技术方法等。[①]

二、全要素造价管理

全要素造价管理的核心是按照优先性的原则协调和平衡工期、质量、安全、环保与成本之间的对立统一关系。

(一)全要素造价管理的概念

影响建设项目造价的因素有很多,包括工期要素、质量要素、成本要素、安全要素、环境要素等。在建设项目全过程中,影响建设项目造价的基本要素有三个:工期要素、质量要素和造价要素,且这几种要素是可以相互影响和相互转化的。一个建设项目的工期和质量在一定条件下可以转化成建设项目的成本。因此,控制建设项目造价不仅是控制建设项目本身的建造成本,还应同时考虑工期成本、质量成本、安全与环境成本的控制,从而掌握一套从全要素管理入手的全面造价管理具体技术方

---

①周和生,尹贻林. 建设项目全过程造价管理[M]. 天津:天津大学出版社,2008.

法,实现工程成本、工期、质量、安全、环境的集成管理。如果只对建设项目成本这个单元要素进行管理,就无法实现建设项目的全面造价管理。

(二)全要素造价管理的方法和程序

1.全要素造价管理的具体方法

(1)分析和预测工程项目三个基本要素变动与发展趋势的方法。

(2)控制这三个基本要素的变动,从而实现全面造价管理目标的方法。

项目管理中的已获价值管理理论与方法实现了对工程造价全要素集成管理的新突破。利用已获价值管理方法开展全要素造价管理的基础是设计和定义出一系列必要的分析指标及其计算方法。

2.全要素造价管理需要有工作程序和方法

全要素造价管理除理论核心和分析预测指标体系外,还需要有一套具体的工作程序和方法。这些工作程序和方法是实现建设项目全要素集成管理的具体步骤。

三、全寿命周期造价管理

全寿命周期造价管理是一种追求建设项目全寿命周期造价最小化和建设项目价值最大化的技术方法。

(一)全寿命周期造价管理的概念

全寿命周期造价管理是指从建设项目全寿命周期(包括建设前期、建设期、使用期和翻新与拆除期等阶段)出发去考虑造价和成本问题,运用多学科知识,采用综合集成方法,重视投资成本、效益分析与评价,运用工程经济学、数学模型等方法,强调对工程项目建设前期、建设期、使用维护期等各阶段总造价最小的一种管理理论和方法。

全寿命周期造价管理要求人们在建设项目投资决策和分析以及在建设项目备选方案评价与选择中要充分考虑建设项目建造和运营两个方面的成本,这是建筑设计中的一种指导思想和手段,用它可以计算一个建设项目在整个寿命周期的全部成本。

（二）全寿命周期造价管理的内容

全寿命周期不仅包括项目决策阶段,还包括项目实施阶段及使用阶段。

（三）全寿命周期造价管理的注意事项

在建设工程全面造价管理体系中,全寿命周期造价管理要求各方管理主体在建设工程全过程的各个阶段都要从全寿命周期角度出发,对造价、质量、工期、安全、环境、技术进步等要素进行集成管理。但是因项目运营阶段的成本、费用等因素较多,且难以预测,其模型的建立是十分困难的,因此应有选择地开展。

四、协同造价管理

协同管理是指业主委托具有丰富管理经验和较强技术实力的项目管理公司协同业主对项目实施全过程、全范围的项目管理。它是一种新型的管理模式,由项目管理公司派出专业团队弥补业主方建设管理组织的不足,进而使之成为具有健全的组织、科学完善的管理制度和工作流程、全面完整的管理范围、掌握先进的管理工具和经济技术、工程技术的专业化的项目协同管理团队,进行各项工作的策划和实施,但重大事项决策权仍属于业主。在项目协同管理团队中,项目管理公司的专业技术人员提供的是咨询服务、管理服务和技术服务。协同造价管理是其重点内容之一。

协同造价管理是指在满足项目合理的质量标准前提下,在项目的各个阶段把工程项目投资控制在批准的限额内,力求在各个建设项目中合理使用人力、物力、财力,取得较好的投资效益和社会效益,其通常通过工程建设项目的协同管理平台实现信息的协同、业务的协同和资源的协同,极大提高工程造价管理的能力,节约投资成本。

五、集成造价管理

集成造价管理是指以工程项目造价系统为完整的研究对象,以促进和提高企业长期综合竞争力为目的,在集成化（系统）管理理论、现代成本理论、项目管理理论与方法、经济学中的市场与价格理论、不对称信息理论、激励理论、公共投资理论、风险管理理论以及信息技术集成理论方法的综合支持下,在项目全寿命周期各阶段,对工程造价系统的各个部分及相互关系进行预测、决策、设计、分析、考核,不断实现工程造价约束的一系列方法和技术的总和。集成造价管理的主要特征如下。

1.全局性管理

项目全寿命周期各个阶段、各个责任实体、各项目部位等关系都必须纳入管理范围,并予以计划和控制。

2.内外结合的协调管理

包括职能部门、上级组织和供应商之间的协调。

3.综合性管理

包括管理工作和实施工作的综合协调问题、设计交底、设备采购活动、随时间分布的预算、时间管理和采购管理之间的综合协调。

第二节 工程造价管理中软件的应用介绍

当今工程造价从业人员呈现出信息化、网络化、知识化、年轻化的发展趋势,传统的手工算量、Excel电子表格算量、计价等方式已经越来越不能满足行业、社会发展的需求。在此背景下,工程造价管理软件孕育而生,以计算工程造价为核心的软件近年来已日趋成熟,并得到了造价管理人员的普遍好评。工程造价管理类软件主要包括算量软件、计价软件、投标报价评审软件、合同管理软件及项目管理软件等。

工程造价管理类软件应用的方便性、灵活性、快捷性有效提高了工程造价管理人员的工作效率,同时也提升了建筑业的信息化水平,创造了巨大的经济价值和社会效益。软件的应用成为当今工程造价管理的发展方向和趋势。

一、图形算量软件概述

图形算量软件是建筑企业信息化管理不可缺少的工具软件,具有速度快,准确性高,易用性强,拓展性好,协同管理工作灵活等很多优点。图形算量软件是符合时代发展需求,为企业节约成本创造利润不可或缺的工具。

（一）图形算量软件的基本原理

图形算量软件以绘图和CAD识图功能为一体，应用者按照图样信息定义好构件的材质、尺寸等属性，同时定义好构件立面的楼层信息，然后将构件沿着定义好的轴线画入或布置到软件中相应的位置，软件则通过轴线图形法，即根据工程图样纵、横轴线的尺寸，在计算机屏幕上以同样的比例定义轴线。然后使用软件中提供的特殊绘图工具，依据图中的建筑构件尺寸，将建筑图形描绘在计算机中。计算机根据所定义的扣减计算规则，采用三维矩阵图形数学模型，统一进行汇总计算，并打印出计算结果、计算公式、计算位置、计算图形等，以方便甲乙双方审核和核对。

（二）常用的几种图形算量软件

目前常用的图形算量软件分为工程量计算软件和钢筋计算软件。随着我国建筑信息化的发展程度不断提升，已开发使用的计量软件有很多品牌，如广联达、斯维尔、鲁班、神机妙算、PKPM软件等[1]，这些软件的品牌虽不同，但每种软件的内容和操作方法却有很多相似或相同之处。

二、工程计价类软件概述

工程计价软件能缩短计算时间，使计价人员能把精力投入到更关键的地方，提高计价效率和质量。

（一）工程计价类软件的基本原理

工程计价类软件中目前使用较为广泛的是清单计价软件。清单计价软件一般包括工程量清单、控制价编制、投标报价编制三部分内容。在软件中内置了完整的工程量清单的内容、定额库和材料预算价格、建筑工程估价取费程序等信息，使用者只需输入相应的清单编号、定额编号和工程量，便可得到完整的工程量清单和相应报价。

运用清单计价软件进行工程量清单和投标报价的编制，可以通过以下步骤来完成：新建工程→工程概况输入→分部分项工程量清单→措施项目清单→其他项目清单→人材机调价→费用汇总→报表输出。

---

[1]林赛郡.建筑工程造价管理软件和网络信息化的应用[J].房地产导刊,2014(8): 218-219.

（二）常用的几种工程计价软件

计价软件也称套价软件，是造价管理领域中最早投入开发的应用软件之一，经过多年的发展已比较成熟，并得以广泛应用，取得了显著的效果，其功能也从单一的套价向多方扩展。在招投标和施工结算中，清单计价方法的应用越来越多，使得清单计价软件的应用越来越广泛，各个公司的清单计价软件也在不断地开发应用和升级。常用的软件有广联达计价软件、神机妙算计价软件、宏业清单计价专家软件等。

第三节 BIM 技术在工程造价管理中的应用

建筑信息模型（BIM）技术于 20 世纪 70 年代起源于美国，随着全球化发展，逐步普及到欧洲、日本、韩国、新加坡等国家。这些国家在发展和应用该技术方面都达到了一定水平。我国于 2002 年首次引入 BIM 技术，经过十多年的发展，中国建筑业正在经历 BIM 带来的变革。目前，我国已有不少建设项目，如天津 117 大厦、国家会展中心等，在项目建设的各个阶段不同程度地运用了 BIM 技术，实现了成本节约、管理提升等目标。

一、BIM 技术概述

BIM 技术是指以三维数字技术为基础，集成建设项目各种相关信息的工程数据模型，同时又是一种应用于设计、建造、管理的数字化技术。

（一）BIM 技术的概念

国际标准组织设施信息委员会给出比较准确的定义：BIM 是在开放的工业标准下对设施的物理和功能特性及其相关的项目全寿命周期信息的可计算、可运算的形式表现，从而为决策提供支持，以更好地实现项目的价值。

（二）BIM 技术的特点

1.BIM 是一个由计算机三维模型形成的数据库，该数据库储存了建筑物从设计、施工到建成后运营的全过程信息。

2.建筑物全过程的信息之间相互关联,对三维模型数据库中信息的任何更改,都会引起与该信息相关联的其他信息的更改。

3.BIM技术支持协同工作。BIM技术基于开放的数据标准——IFC标准,有效地支持建筑行业各个应用系统之间的数据交换和建筑物全过程的数据管理。

(三)BIM技术的意义

BIM技术作为实现建设工程项目全生命周期管理的核心技术,正引发建筑行业一次史无前例的彻底变革。BIM技术通过利用数字模型将贯穿于建筑全生命周期的各种建筑信息组织成一个整体,对项目的设计、建造和运营进行管理。BIM技术将改变建筑业的传统思维模式及作业方式,建立设计、建造和运营过程的新组织方式和行业规则,从根本上解决工程项目规划、设计、施工、运营各阶段的信息丢失问题,实现工程信息在生命周期的有效利用与管理,显著提高工程质量和作业效率,为建筑业带来巨大的效益。

(四)我国BIM技术发展现状

2011年,我国将BIM列为重点推广技术,现阶段我国BIM技术主要应用于设计阶段的碰撞检测、复杂体系设计、管线综合设计等;在招标阶段,BIM技术主要用于在投资采购方面的材料统计、招投标管理;在施工阶段,主要用于施工方案的探讨、4D模拟化施工;在运营阶段,主要用于设备信息维护、空间使用变革。施工企业中,RIM技术应用稍晚于设计企业,在项目的运维阶段,BIM技术大多还处于初步的探索过程中。目前我国运用BIM技术进行管线的碰撞检查、深化设计的应用最多,施工进度模拟应用主要用于形象进度展示。

由于施工项目管理的复杂性,BIM技术在项目全生命周期运用时在现场业务管理方面尚不完善,成本管理、进度管理、合同资料管理应用并不广泛。

目前国内很多知名高校同企业合作进行BIM技术研究。清华大学与广联达软件股份有限公司共建BIM联合研究中心。同济大学与鲁班咨询公司达成BIM战略合作,共同推动发展BIM技术应用研究。上海交大建设了BIM协同研究虚拟实验室,提供CAD、ACA系列,Revit系列协同设计研究平台。华中科技大学建立了BIM工程中心,进行BIM的研究及工程咨询服务等。①

二、BIM技术在造价管理中的应用

BIM技术在工程造价管理中起到了较大作用,大大提高造价效率,并为信息系统的发展创造了良好条件。

(一)BIM技术的应用价值

1.投资决策阶段通过BIM技术对多个设计方案进行模拟分析与投资估算分析,为业主选出价值最大化方案。

2.设计阶段采用BIM技术进行虚拟现实、设计优化、碰撞检验、施工模拟,实现对设计阶段的成本控制。

3.招投标阶段以BIM技术作为投标增值项目,或通过BIM技术快速编制清单,提高精确度、节省人力。

4.施工阶段通过BIM技术在施工过程中进行可视化管理、深化设计、变更管理,实现进度—成本控制。

5.竣工结算通过BIM技术进行多维度统计、对比、分析,建立企业数据库。

6.运营维护通过BIM技术参与到建设项目运营维护中,增加服务的附加价值。

(二)业主方在全过程造价管理中对BIM技术的应用

依托于现有的BIM技术软件,业主方可以对建设项目全寿命周期内统一数据模型实现信息共享,从而进一步提高工程项目的管理水平。具体步骤如下。

1.委托设计单位进行规划建模

通过三维规划设计软件对周边环境进行建模,包括周边道路、建筑物、园林景观等内容,将模型放入环境中进行分析,供业主进行可行性决策。

---

① 曹磊,谭建领,李奎.建筑工程BIM技术应用[M].北京:中国电力出版社,2017.

2.进行场地模拟分析

通过BIM结合GIS进行场地分析模拟,对建筑物的定位,建筑物的空间方位及外观,建筑物和周边环境的关系,建筑物未来的车流、物流、人流等各方面的因素进行集成数据分析的综合。

3.绿色建筑分析

利用PHOENICS、Ecotect、IES、Green Building Studio以及国内的PKPM等软件,模拟自然通风环境,进行日照、风环境、热工、景观可视度、噪声等方面的分析。

4.设计方案论证

通过直观的三维模型,对设计方案进行对比、论证、调整。

5.工程量统计

完成施工图后进行模型完善,利用Revit、Navisworks等软件搭建工程量,统计BIM模型中主要材料工程量。

6.招投标的标底精算

通过鲁班、广联达等软件,形成准确的工程量清单,模型可由业主方建立,同时由投标单位建立模型并提交业主,这样便于精确统计工程量,提前在模型中发现图样问题。

7.施工项目预算

建立的BIM模型与时间相结合,粗的可以根据单体建筑定义时间,细的可以根据楼层定义时间,从而快速得到每个月或每周的项目造价,根据不同时间所需费用来安排项目资金计划。

8.施工组织模拟

根据施工单位上报的施工组织设计,通过已建立的BIM模型,进行可视化模拟。

9.三维可视化图样会审

利用各专业可视化模型,对图样中存在的问题汇总统计,在模型中标注出来。现场图样会审过程中在模型中将涉及的问题一一进行会审、分析并提出解决方案。

10.管线预留孔核对

根据设计图样搭建的设计模型,结合施工规范和现场施工要求,搭建管线综合模型,进行所有专业管线的综合排布,提交综合管线排布图和预留孔洞位置图,在施工安装开始之前将所有管线位置确定下来。

11.四维模拟施工

将 Revit 模型导入 Navisworks 软件中,通过 TimeLiner 工具可以向 Navisworks 中添加四维进度模拟,TimeLiner 从多种格式的数据源导入进度后,使用模型中的对象连接进度中的任务以创建四维模拟,这样就可以形象地反映出工程的进度情况,从而指导现场施工组织安排和材料计划的采购工作。

12.资料管理

基于 BIM 技术的业主方档案资料协同管理平台,可将施工资料、项目竣工资料和运维阶段资料档案(包括验收单、检测报告、合格证、洽商变更单等)导入 BIM 模型中,实现资料的统一管理。

13.搭建竣工模型

现场验收过程中,通过可视化模型与现场实际情况的对比,可更好地进行验收。将竣工模型完善后,与实体项目一并移交,为后期运维管理提供直观、全面、科学的档案模型。

14.结算审计

通过 BIM 技术,快速创建施工过程中的洽商变更资料,以便在结算时追溯,实现结算工程量、造价的准确快速统计。有效控制结算造价,通过造价指标对比,分析审核结算造价。

15.运营维护

利用 BIM 技术可以在整合各系统后在三维模型中展示,同时可以快速地查询和调取相关模型。通过竣工模型提供的资料,可以设置设备养护和更换自动提醒,把安全隐患控制在萌芽状态。

16.突发事件应急处理

在维护阶段对于突发事件进行准确快速的处置。例如,设备紧急关闭或更换,疏导人员的撤离,重要人物来访的安保等,通过 BIM 技术可以很好地解决这些问题。

(三)施工方在全过程造价管理中对BIM技术的应用

由于BIM技术在国内起步较晚,导致施工方在全过程造价管理中对BIM技术的应用还处在技术应用为主,数据应用和协同管理应用为辅的状态。随着企业对BIM技术的探索与发展,施工企业的BIM技术应用会逐渐升级到以下阶段。

1.全过程应用

多个项目管理条线全过程应用BIM技术,在技术、进度、成本、质量、安全、现场管理、协同管理甚至交付和运维方面,都可以有很多BIM技术应用点,而不是局限于某一条线、某个应用点,导致投入产出不够。多一次应用,就增加一次投入产出。这需要专业化、本地化突出的BIM技术系统。

2.集成化应用

建筑是一个综合性的多专业化系统工程,BIM技术的应用也需要实现多专业的集成化应用,实现更为精准的技术方案模拟、成本控制和进度控制。单专业的应用在计算机中理论上可行,但在实际施工运用中综合多专业多因素后,很可能无法实现,这也就失去了意义。

3.协同级应用

基于BIM平台的互联网协同应用,经授权的项目参建人员都能随时随地、准确完整地获得基于BIM的工程协同管理平台的数据和技术支撑。项目参建方的所有人员可以基于同一套模型、同一套数据进行协同,有效提高协同效率;同时数据能被项目和企业掌握,数据授权能实现分级控制。

4.企业级BIM数据库

建立企业的BIM数据库平台,大量项目数据在企业数据中心被集中管理。该数据库可以为所有业务和管理部门提供强大的数据支撑、技术支撑和协同管理支撑。在建造过程、运维过程中,为全生命周期的客户服务提供工程基础数据库,提供管理支持。此时,施工企业在施工的所有项目,包括一个小小的门房,在全过程、全专业、全范围的管理应用中都在用BIM技术做精细化管理。尤其在当今建筑业全面实行"营改增"政策,全企业内相关管理部门、参建方一起协同,更有利于施工企业的良好发展。

(四)BIM技术在造价管理中的常用软件

BIM技术核心建模软件有Autodesk公司的Revit建筑、结构和机电系列,Benùey建筑、结构和设备系列,Nemetschek公司的ArchiCAD等。这几款软件适合设计与施工人员学习,是现在大家主要学习BIM技术的软件。尤其是Revit,应用很广。对于BIM技术造价管理软件,国外的BIM技术造价管理软件有Innovaya和Solibri等,国内BIM技术造价管理软件有鲁班软件与广联达软件等。

第四节 外国建设工程造价及管理

由于社会化大生产的发展,使共同劳动的规模日益扩大,劳动分工与协作既精细又复杂,出于对工程建设消耗的测量与估价,资本主义国家在16世纪便产生了工程造价管理。本节主要介绍有关国际造价管理组织和部分国家与地区工程造价管理的形式、内容、特点以及可供借鉴的经验。

一、不同来源投资工程的造价管理形式

一些资本主义国家将建设工程按投资来源分为两类:一类是政府投资工程,另一类是私人投资工程,包括外资、合资等工程。政府包括各级政府,如美国政府工程分为联邦政府工程、州政府工程或地方政府投资工程。两类投资的区别在于政府投资来源于税收,是纳税人的钱。

工程投资来源不同,对其造价的管理采取的态度、形式也不同。对于政府投资工程,政府一般由专门的职能部门以业主的身份负责工程的建设管理,如英国的环境部地产服务中心,加拿大联邦政府的公共工程部和省、市政府的建设和公众服务部,他们对工程建设进行管理,当然也包括对工程造价的管理与控制。私人投资工程则完全由业主(投资者)负

责管理,包括造价管理。政府虽然以业主身份参与对政府投资工程的建设管理,但并不对工程造价做出直接规定,而是由市场形成工程造价,政府的管理是对具体工程的管理,而不是造价行政管理。但政府对工程造价的控制非常重视,一旦确定投资,轻易不得突破。如英国,每年财政部门根据各部门提出的建设项目需求,依据不同类型工程的建设标准和造价标准,并考虑通货膨胀对造价的影响,确定各部门的投资额。各部门在确定的建设规模和投资范围内组织建设工程的实施,不得突破。

在工程实施过程中,政府主管部门要向工程派出工程师或项目经理对工程造价进行控制与管理。政府虽不直接干涉价格,但在工程标准、技术质量、安全等方面有明确要求,同时也制定或委托制定一些工程造价方面的规定,如工程量计算规则、项目划分方法、合同形式等,凡政府投资工程须严格遵守。

私人投资项目对于政府制定的相关规章制度可以执行,也可以不执行,但是业主在选择承包商时,要求承包商实行统一的标准,尤其是造价计算方法,以使价格的竞争在相同的标准下具有可比性,而实行统一标准的最简单方法就是都执行政府的有关规章制度,所以大多数私人投资项目在工程计价、投标竞争等方面也都自觉遵守政府的规章制度,以取得统一性。所以政府对造价管理采取的是无为而治的形式,无强制规定,但各方仍然自觉执行。

对政府投资工程的造价严格管理表明政府在花纳税人的钱时是很慎重的。政府投资来源于各级政府的财政收入,而财政收入绝大部分为税收,即纳税人的钱。将这部分钱用于工程建设投资,必须经过充分的研究论证,审慎决策,做出决策后更要对投资严加控制,保证不被浪费。这一点应为我们借鉴。

二、建设工程造价构成

我们所说的建设工程造价指工程实施造价,即由建设单位、施工单位的商品(建设工程实体)交换关系决定的价格,是建设单位支付给施工企业的施工费用。一般提到工程造价时,有时也指完成一个建设项目的全部费用,除了工程施工费用本身,还包括列入建筑费用的工器具、设备购置费用、前期准备费用、后期试生产费用等。外国工程造价概念所包含的内容也不是完全一样的,在不同国家,不同情况下其含义、构成也有一些差别,与我们的建筑工程费用的项目划分也不尽相同,下面简单介绍一下几个国家工程造价的构成内容。

(一)英国的建筑安装工程费用

1.直接费

指直接用于工程构造物本身的费用,包括人工费、材料费、施工机械使用费,这与我国现行工程造价构成中的直接费构成一致,但具体内容稍有不同。

(1)人工费:包括基本工资、奖金、社会保险费、假期工资、培训附加费等全部费用,约占直接费的40%。人工费内容比我国现行人工费的内容要多一些,也更合理(包括了社会保险费和假期工资)。

(2)材料费:包括材料的原价、全程运杂费,根据材料供应商、运输商提供的价格协议计算,约占直接费的50%。

(3)施工机械的使用费:根据企业现有和需租用的机械计算出的机械台班费用,约占直接费的10%。

2.现场费用

只限于承包商方面发生的费用,内容较多,相近于我们的其他直接费、现场经费的内容,大致项目有:一般施工机械及工具费,脚手架费,现场管理费(指工长及仓库员工资),保修费,保险费,建筑师代表临时办公室费用,职工交通费,恶劣气候条件下的工程防护费,临时供水、临时供电费用,临时道路及临时停车场费用,临时建筑、通信费用,工人安全、卫生及福利费,招工费用,道路维护费,公共交通费,工地清理费,建筑物烘干费,临时围墙,安全信号及防护用品费,噪音、污染及其他防护费,不可预见费等。现场费用内容较杂,基本包括了与施工有关的全部费用。

3.施工管理费及利润

一般以直接费和现场费用为基数计取15%左右的施工管理费和利润,可列入工程单价内,也可以单独计取一笔总金额。

以上三部分内容,直接费和现场费用属于成本,施工管理费属于费用,费用和利润合并在一起,也可称为毛利,实际利润的高低则取决于费用支出的多少。这种划分形式可以促进企业加强管理,减少管理费支出,从而提高利润率。

英国的建设项目总费用相当于我们的概算费用,包括土地租赁、购置费,拆迁现场准备费,工程费用(即建筑安装工程费),家具和设备购置费,职业费用(指设计费用),财政费用(主要指利息支出),法定费用(如支付地方政府的有关费用),其他费用(指上述费用以外的各项费用如广告费)等。建设项目总费用构成,与政府有关部门的规定有关,体现了不同国家对工程建设的要求。

(二)美国的工程造价(不包括工程前期费用)

1.直接费用

包括各项施工所需的人工费,施工机械使用费,建筑和安装用的材料费,永久设备费,与施工企业运行有关的费用如施工楼桥,砂石料加工厂,混凝土搅拌厂费用,支付给分包商或销售商的款项包括在此项费用内。

2.间接费用

指为整个工程服务,不宜计入某一单项工程的费用,包括承包商管理,工程监督费,管理人员的工资,办公和杂项费用,设计用品费,交通费,一般设施(如办公室、生活福利设施、各种仓库、试验室、加工车间、维修车间等)费用,各种保险费、税金、保证金,利润和承包商的不可预见费。其中利润由承包商在报价时自定,是竞争性的,一般为工程造价的5%~15%,工程造价高时利润可相对低些。

3.其他费用

包括勘测设计费、工程管理费、施工管理费以及业主本身所需发生的费用。

4.不可预见费

是在编制投资估算、概算时难以预测又可能发生的费用,如设备、材料价格的调整等。

从上述内容可以看出,美国的工程造价相当于我们的建筑安装工程费、设备及工程器具购置费、勘察设计费、建设单位管理费、工程预备费几部分之和,也就是除去几项前期费用的建设项目总费用。工程造价中的人工费组成内容要广泛些,包括工人基本工资、附加福利工资、保险费、税金等。材料和设备价格包括出厂价、运杂费、保险费和可能发生的某些税金,采购保管费则包括在间接费之中。

英、美工程造价构成有一个共同特点,即人工费包含保险费。我国目前生产工人的养老保险(将来逐渐增加一些其他保险)费则是包含在企业管理中,保险费用归集方向不同,外国归入直接成本,我国归入费用,这一点值得我们参考。

(三)日本的工程造价

1.纯工程费

包括直接工程费和共同临建工程费。直接工程费包括直接用于工程的人工费、材料费、施工机械设备费。共同临建工程费包括:准备费(如测量地基、临时道路、场地平整费),临建设备物资费,安全费,动力用水、采暖照明费,试验调查费,整理清扫费,设备工具费,搬运费,其他费用等。

2.现场经费

包括:劳务管理费,税金(如印花税、机动车税、固定资产税),保险费(如工程保险),工资及补贴,退休金,法定福利费,福利保健费,办公用品费,邮电交通费,补偿费,特殊补偿费,其他杂费,成本性的经费等等。

3.一般管理费

指总部、分部与营业上发生的各项经费,包括干部报酬,工作人员的补贴退休金,法定福利费,福利保健费,修缮维修费,办公用品费,邮电交通费,动力用水及照明采暖费,调研费,广告宣传费,营业债权债务折旧费,捐助费,房地租赁费,减价折旧费,试验研究折旧费,开发费折旧、租税、捐税、保险费,杂费等。

(四)匈牙利的工程费用

1.直接材料费。

2.运输及仓库保管费。

3.直接人工费。

4.直接人工补贴费。

5.直接机械费。

6.直接成本:为1-5项费用之和。

7.一般费用。

包括少量无法计算的材料费,企业工作人员工资及费用,工人福利费,临时工程搭设和拆除费用。

8.施工增加费。

包括特殊条件下施工干扰费,设计变更增加(或减少)费,企业发展费。[①]

对照以上几个国家的工程造价构成可以看出,我国现行的建设工程造价构成内容,即建标(1993)894号文件所列内容与外国的工程造价内容具有一定的可比性,在某种程度上是"接轨"的。

三、建设工程计价依据

长期实行市场经济制度的资本主义国家对于建设工程的价格一般不做干预,任其由市场形成,所以没有我国这样量价合一的定额和费用定额,即使是工程所需人工、材料、施工机械的数量标准,政府一般也没有强行规定,而是由行业学会、协会或工程公司自己编制。但是政府对于一些共性问题如工程量如何计算,工程项目如何划分等,则直接或委托研究机构制定一些规定,以使不同的工程报价具有可比性。这些规定是工程建设各方都必须遵守的。国外建设工程计价依据主要包括以下几个方面。

(一)工程量计算规则

统一的工程项目划分和工程量的测算、计量方法是工程计价的基础,因为没有统一的定额,为了保证工程计量、计价工作及造价管理的科学化、规范化,使不同利益主体的计价行为有一致的基础,制定一系列为建设工程各方共同遵守的规则是必要的,这一点在任何国家认识都是一致的。

---

①王振强.日本工程造价管理[M].天津:南开大学出版社,2002.

英国的行业标准是《建筑工程量计算规则》，最新版本(第七版)形成于1988年。该规则最早出现在1922年，几经修改，是英国皇家测量师组织制订并为工程建设各方共同认可、遵守，使用最为广泛的建筑工程计量、计价规则。此外，英国还有《土木工程工程量计算规划》等规则。

在澳大利亚，联邦政府虽然不直接制定和发布指令性规章制度，但委托一些非政府机构如研究部门、学会、公司、协会等起草一些统一管理规定，如澳大利亚建筑工程标准计算方法，统一项目划分，造价控制手册等。这些规定来源于市场实践，是大量工程项目造价的经验总结，一经政府委托的机构以正规的程序制度并公布后，就得到政府的同意和认可，成为政府的规章制度，供社会使用或参考。各州政府可以制定适合本州实际的政策和制度，如价格、消耗量，但联邦政府规定的统一标准如标准计算方法、项目划分、工作程序等，各州政府不得随便改变。

当然，也不是所有国家都有类似规定，如美国政府只对工程技术标准、工程质量和安全进行管理，对于工程计量、计价，主要由社会咨询单位根据实践和市场价格进行。

(二)价格和价格指数

价格指市场价格，包括市场劳动力价格，建设材料价格，施工机械租赁价格等。有关的承包商、工程咨询公司必须掌握现行市场价格信息，以便准确地确定工程造价。在没有统一的定额标准和统一价格的条件下，不论是承包商还是咨询公司都必须有自己的计价系统，包括生产要素量的消耗标准，价格信息，有关费用计入造价的标准，以便在统一计量规则基础上计算工程的个别造价，用于工程投标或提供有效的服务，这也是以多年实践经验为基础的。

为了反映市场价格的总体或分类变化趋势，政府有关部门测定并发布价格指数。如英国，政府部门发布《价格指数使用说明》，并有明确分工，人工和施工机械的价格指数由英国环境部测算，材料价格数由英国贸易及工业部测定，均由文书局在施工指数日报上公布。在美国，政府劳工部门规定工人工资标准，由行业公会监督实施，机械、材料的价格近几年基本由咨询公司的商业出版商在各咨询公司大量工程实践基础上广泛收集整理后出版,作为地区以及联邦工程的指导价格。澳大利亚是由国家统计局负责建筑业的统计工作,统计局每月、每季、每年以不同形式公布建筑业的状况,同时发布包括劳动力价格指数、材料价格指数和市场价格指数在内的建筑价格指数,业主、承包商根据这些资料测算自己所需的价格指数。

外国虽然没有类似我们的预算定额,但一些行业协会、公司也编制工程定价指南,称为手册,如澳大利亚Rawlinsons集团出版的澳大利亚建设手册,对于工程所消耗的人工、材料等都有详细的反映。除了通用手册,许多承包商也有自己的类似定额的价格手册,他们在工程报价时既参考社会上的通用手册,也结合本企业的实际情况和已完工程积累的经验。总的看来,外国工程计价在价格依据方面更为注重的是个别性。

(三)工程造价数据库

外国的承包商和工程咨询公司非常重视已完工程数据资料的积累和造价数据库的建立,并利用这些资料为以后工程的计价服务。在英国,每个皇家测量师学会会员都有责任和义务把自己经办的已完工程的造价资料,按照工程的格式认真填报,收入学会数据库,同时取得利用数据库资料的权利。这些资料不仅为测量各类工程的造价指数提供参考,也可以为类似工程在没有图纸和资料的情况下提供估价依据。美国的许多公司也十分注意资料积累和分析整理,建立起本公司的一套造价资料积累制度,为日后计价工作创造条件。他们的工作很细,甚至对现场工人每天的工时资料都做了记录,并十分注意服务效果的反馈。这样就建立起完整的数据库,形成信息反馈、分析、判断、预测等一整套科学管理体系。

在澳大利亚,有经验的预算测量公司和预算测量师也主要根据自己的经验,结合市场调查和过去项目的历史数据确定自己的咨询价格,为业主或承包商提供服务,只是在数据和经验很不充分,项目又比较特殊的情况下,才参考社会上通行的建设手册。可见承包商或工程咨询公司的工程造价资料是工程计价最重要、最直接的依据。工程造价资料虽然具有一定的个别性,但咨询公司要依靠提供计价服务生存,所以其造价计算必须符合市场实际,资料积累也力求规范、准确、实用性强,起到类似定额的作用。

总的看来,外国建设工程计价没有我们的定额、价格、费用定额的体系为依据,在统一计算方法、项目划分的基础上,他们主要以市场价格、造价指数和公司积累的造价数据库(可以反映出各种类型工程所消耗人工、材料、机械的数量标准和总的造价构成情况,具有一定的规律性)为依据确定和控制工程造价,这也是市场经济体制下的必然选择。在这种情况下,工程造价更能反映出市场实际价格和供求关系的变化。

四、工程造价的全过程管理

外国建设项目,无论是政府投资还是私人投资,无论是业主管理还是委托工程咨询公司管理,其造价管理与控制都是全过程的,即从立项、设计、招标、签约、工程施工直到工程竣工,随着工程的逐步实施,工程造价也逐步具体化。全过程管理的目标在于保证下一个阶段的实际造价不得突破前一阶段的预计额度。而由同一管理者对工程造价进行全过程的管理易于实现投资控制目标。

美国的工程造价阶段划分与我国相似,在工程项目可行性研究阶段编制投资估算,投资估算允许误差为30%～20%;在工程初步设计阶段编制施工图预算,预算允许误差为10%～5%。不同阶段的工程造价由估算工程师根据工程实际情况、经验,考虑工程所在地人工费水平、材料设备的来源等因素以及对工程造价影响较大的其他因素,进行分析综合后编制。在工程实施阶段,业主或承包商派往现场的工程师要严格控制造价变更,工程进展一定要与工程费用支出相适应、相吻合,现场工程师有权做出的费用变更很有限,超出规定的权限必须经上级主管部门研究批准后才能做造价变更,报送上级的报告必须注明原合同价,列出增减单位、总价并说明原因。从这里也可以看出对工程造价变更控制的重视,一旦合同签订了造价,一般不允许随意变更,这与我国现行的到年末等待造价管理部门下发结算文件再结算的做法是有明显差异的。

美国的工程造价确定与控制分为以下几个阶段:①立项阶段。对拟建项目进行可行性研究。这一阶段预算师参与调查、分析论证,搜集信息资料,编制投资估算,提供给政府或业主。投资额一经批准或确认即为项目投资的最高限额。②设计阶段。设计师、工程师、预算师一起对设计方案(含初步设计和技术设计)进行技术经济分析论证。这一阶段预算师要编制工程概、预算。随着设计工作的深入、具体,造价越来越准确,但不得超过造价限额。③立项阶段。设计和概算经审查后,确定设计和概算未超过既定规模和造价限额,即可进行招标,此时预算师要编制招标文件、标底以及合同条件文本。政府工程一般都采用公开招标方式,如承包商报价都超过标底或造价限额时,只能修改设计调整标准后,再进行招标。④施工阶段。受雇于业主的预算师要根据工程的进度签订工程结算款项和控制拨款,并根据工程变化情况调整预算。为确保结算不突破造价限额,在施工过程中一般不得任意更改设计。如遇特殊情况必须变更设计时,政府工程所增加的投资在不可预见费项下列支,如不可预见费不够,应向主管部门报告确切理由,用其他项目投资弥补。工程承包商的预算师则直接参与项目管理,按施工进度提供劳动力、建设材料、设备、施工机械等的供应计划,按日或周统计完成工程量,提出工程结算款项,竣工验收后提出竣工决算。预算师要在各个环节严格控制工程费用支出,确保在中标造价内实现预期利润。

澳大利亚的工程造价管理分以下几个阶段进行:①简要研究阶段。预算测量师利用已知类似项目的造价资料,结合拟建项目的建筑面积、设计标准、地点和环境为业主确定造价估算。②方案建议(选择)阶段。根据项目的规模和类型,对提出的几个初步方案进行造价比较,选择最佳方案,为业主提供方案建议阶段造价。此阶段要计算出分项工程概算。③设计图阶段。根据方案要求进行全面设计,在设计图、地基基础等资料基础上,依据工程量及市场价格计算出设计图造价,同时随着设计图的深入,逐步修订造价,并与方案建议阶段造价进行比较,如果超过方案建议阶段造价,应考虑修改设计或调整造价标准。④合同文本阶段。预算师按照设计图,根据标准计算方法编制工程量清单,计算标底,确定招投标方式,编制招投标文件,准备组织招标。招标文件作为合同文本中的一部分,其中工程量清单十分重要,是承包商投标报价可比性的基础,也是合同约定要完成的工程内容。⑤招投标阶段。承包商根据招标文件、工程量清单和业主的要求投标,业主根据各承包商的投标情况,分析标底与投标价格,并考虑其他条件,选择最佳承包商。⑥建设阶段。工程造价控制要严格按照投标文件进行,以确保工程费用支出限制在合同确定的预算造价以内,否则承包商的利润将会降低。工程量清单是工程财务管理的基础,建设期要建立正常的监理和报告制度,报告工程进展、工期延期以及活动变更情况,包括造价状况和支付建议,现行总造价和预测总造价,合同变更与调整,现金承诺,合同现金报告,合同造价调整报告等。

总之外国工程造价管理不仅注重造价的确定,更注重造价的控制,一旦签订了合同造价,除非有极充分的理由,一般不得突破,这一点对承包商更为重要。不论是业主或承包商自己的预算师还是委托工程咨询公司,由于他们从工程研究立项阶段便参与工程造价的估算、计算、调整及管理、控制活动,并及时提出造价方面的建议,所以工程造价的控制是很有效的。而我国现阶段工程造价不是无条件地一次包死,便是敞口调整,合同价款的约束力很小,签约双方往往将合同签订视为一种不得不履行的程序,造价管理部门也未能对合同价款认真审查,致使工程结算时多有经济纠纷发生,而根源往往是合同条款与有关政策的矛盾。这一问题应借鉴外国造价全过程管理的经验,认真研究解决。

五、工程计价主体及其作用

外国不论是政府投资还是个人投资工程,由于从事工程造价管理的专业技术人才不是很多,为做好投资效益分析、造价预测和编制工作,合理确定工程造价,建设工程的测量、估价、计价以及控制管理,主要借助于社会上工程咨询、估算公司等专业力量来完成。工程计价的法人主体主要是工程造价咨询公司,自然人主体则与我们类似,是从事工程计价工作的专业人员。

(一)工程造价专业人员资格及作用

外国从事工程造价专业技术工作的人员,英国为预算师,澳大利亚为预算测量师,法国为建筑经济师。加拿大由注册建筑师和注册工程师担任工程(造价)咨询工作。各国对工程造价专业人员从业资格取得条件有不同要求。英国预算师资格的取得由皇家测量师学会采用会员认定制。皇家测量师要求预算师必须具有大学毕业水平的专业理论(大学专业理论课程要经皇家测量师学会认可,除了工科基础课,也开设建筑技术、材料,应用力学,材料力学,结构设计,环境物理学,建筑设施和环境控制,经济学,工程量计算原理,工程量计算与预算编制,造价研究,信息及信息处理,法律等课程),并经过三年有记录的在职培训(需要在注册预算师的指导下,逐一完成规定的实习项目,并由指导预算师签署表明掌握实际工作能力的评语),通过考试合格后才能取得预算师资格。非预算专业人员则须在一个专业预算单位(如预算公司)工作,采取工读或函授方式完成预算专业规定的课程并获得学位和毕业证书,再参加考试通过后取得预算师资格。

　　从上述内容可以看出,在英国获得预算师资格很难,所以预算师地位也很高。

　　澳大利亚由预算测量师学会负责预算测量师的培养、考核和管理。预算测量师学会的主要活动是在全国范围内加强预算测量师的联合,改善和提高从事或即将从事预算测量职业人员的技术水平,推动预算测量业的发展。在澳大利亚,正规大学全日制相关专业(建筑经济、预算测量)的毕业生(包括本科毕业生或研究生)和在工作岗位上通过业余专业培训的在职工作人员可取得预算测量师资格,但取得预算测量师学会会员资格相对难一些,一般情况下,从认可的大学毕业并获得相关学士学位的学生,经过两年的申请,通过了学会的考核和资格认证后,可获得学会正式会员资格,再经过10年的工作实践以及必要的专业培训,在达到入选条件后,经过推荐、提名、评审、认证,可获得学会高级会员资格。

　　加拿大的咨询工程师主要由注册建筑师和注册工程师担任,注册建筑师的资格条件是:从加拿大理工科建筑学专业本科毕业,毕业后在一个建筑师事务所中,在一位注册建筑师的指导下实习二年,参加注册建筑师资格考试,全部合格。注册建筑师资格考试由省的注册建筑师协会组织,共考10门课程,全部及格者发给资格证书。如一门不及格,可再考,但最多允许重考三次,如三次都不及格,只能在五年后再次考试。注册工程师资格条件及注册程序和注册建筑师类似,但由省的注册工程师协会组织考试。加拿大的注册建筑师和注册工程师都不分级,只要注册,均可开设建筑师事务所或工程咨询公司,也可以受聘从事咨询业务。预算师或预算测量师、咨询工程师在接受委托承包工程项目的造价咨询服务时,通常提供比较详细的全过程的造价服务,处于按照既定工程项目确定投资,在施工各阶段控制造价,使其不超过既定投资的重要地位。造价咨询服务包括可行性研究、编制预算和造价计划、编制招标文件、确定投标办法、标书评价、谈判、造价监理和控制、最终决算、项目控制、计算机服务等。一般情况下,业主委托的预算师提供从项目简要研究开始到项目结束的咨询服务,承包商委托的预算师提供从合同文本(投标)到项目结束的咨询服务。

(二)咨询公司及其作用

外国虽然有的业主和承包商有自己的预算(测量、造价)师,但因为工程计价活动有较强的专业性,所以为了保证工程造价确定和控制的合理性、有效性,许多业主(包括政府投资)和承包商都委托工程咨询公司进行造价管理工作。工程咨询是一种经营性业务活动,向委托方收取一定的咨询费用。

美国的工程咨询、估算公司按政府规定,可按工程造价6%左右收取报酬,他们以自己的服务质量和效果赢得用户的信任。其服务范围是:可行性研究与投资估算的编制、分析、评价,设计阶段工程造价(估算)的编制、评价,招标管理,工程成本与工期(进度)的控制,造价的预测、研究,专业人才的培训,有关软件的开发,造价资料的出版等。

澳大利亚的预算测量公司很多,有政府预算管理部门,也有私人的预算测量公司。他们既可以为业主服务,也可以为承包商服务,但在同一个项目中只能为一方服务。有的业主、承包商有自己的预算测量师,但对于大的工程项目,无论是业主还是承包商,一般都要委托专业的预算测量公司进行咨询。澳大利亚的预算测量公司接受委托后通常提供全过程的造价服务。他们必须对其服务质量负责,既不能给业主、承包商带来损失,也不能给公司信誉带来影响。他们提供的每一项服务都有严格的质量保证系统,需要经过编制—检查—审核—报告这样多层次的严格把关,提供满足委托方需要的高质量的咨询服务。为了减少损失,预算测量公司每年都为自己的公司投入保险,万一发生服务上的失误,其损失的一部分由预算测量公司赔偿,其他可由保险公司赔偿。当然,质量事故是极少发生的。

　　加拿大工程咨询单位根据雇主委托,提供的咨询服务包括以下几方面内容:对拟建工程进行投资机会研究,编制可行性研究报告,进行工程设计,编写招标文件,草拟工程发包合同,组织工程招标、发包,进行工程监造,实施质量、进度和投资控制等。加拿大工程咨询内容较多,包括了可研、设计、计价、招标、工程监理等方面,而不只是工程造价咨询,所以其咨询工作由注册建筑师和注册工程师完成,而不是专门的预算或造价工程师。雇主一般采用指标的方式择优选定咨询单位。委托分两种情况,一是委托注册建筑师承担总咨询,注册建筑师根据需要再聘请专业工程师,这种情况多于工业与民用建筑工程。二是委托注册工程师担任总咨询,注册工程师根据需要再聘请建筑师和专业工程师,这种情况多适用于大型土木工程建设。雇主可以将整个工程委托给一家咨询公司,该公司再分包部分咨询业务,也可以同时或先后委托几个工程咨询单位。雇主委托咨询后,雇主与咨询单位、总咨询与分咨询签订合同。加拿大咨询工程师协会制订了《雇主咨询工程师基本协议条款》和《工程师与分咨询的协议条款》,分别供签订咨询、分咨询合同使用。在加拿大,工程咨询是非常受人尊崇的行业,其酬金也较高。

参考文献 REFERENCES

[1]刘常英.建设工程造价管理[M].北京:金盾出版社,2003.

[2]王东升,杨彬.工程造价管理与控制[M].徐州:中国矿业大学出版社,2010.

[3]宁素莹.建设工程造价管理[M].北京:知识产权出版社,2014.

[4]许焕兴.工程造价[M].大连:东北财经大学出版社,2011.

[5]袤新谷,徐升雁,竹隰生,等.市场经济条件下工程造价改革构想[M].重庆:重庆大学出版社,2015.

[6]王振强.英国工程造价管理[M].天津:南开大学出版社,2002.

[7]李英,于衡.工程造价概论[M].北京:北京理工大学出版社,2016.

[8]任彦华,董自才.工程造价管理[M].成都:西南交通大学出版社,2017.

[9]李冬,毕明.建设工程造价控制与管理[M].长沙:中南大学出版社,2016.

[10]贾长麟,赵太时.建设工程造价与管理[M].上海:百家出版社,2002.

[11]吕英渤.建设工程项目的工程造价分析[J].科学与财富,2018(25):149.

[12]周珏.建筑工程投标文件的评审[J].建筑界,2012(1):6.

[13]王彦红.建筑工程工程造价审核的内容及其方法研究[J].建筑工程技术与设计,2018(34):10-61.

[14]踪万振.从零开始学造价 建筑工程[M].南京:东南大学出版社,2013.

[15]陈建国.工程计量与造价管理[M].上海:同济大学出版社,2001.

[16]刘宝生.建筑工程概预算与造价控制[M].北京:中国建材工业出版社,2004.

[17]谢华宁.建设工程合同[M].北京:中国经济出版社,2017.

[18]陈津生.FIDIC施工合同条件下的工程索赔与案例启示[M].北京:中国计划出版社,2016.

[19]黄汉江.现代建设工程与造价[M].上海:立信会计出版社,2003.

[20]张珂峰.建筑工程造价案例分析及造价软件应用[M].南京:东南大学出版社,2010.

[21]崔武文.工程造价管理[M].北京:中国建材工业出版社,2010.

[22]郑立群.工程项目投资与融资[M].上海:复旦大学出版社,2007.

[23]关永冰,谷莹莹,方业博.工程造价管理[M].北京:北京理工大学出版社,2013.

[24]肖作义.建筑安装工程造价[M].北京:冶金工业出版社,2012.

[25]周述发,李清和.建筑工程造价管理[M].武汉:武汉工业大学出版社,2001.

[26]徐锡权,刘永坤,孙家庭.建设工程造价管理[M].青岛:中国海洋大学出版社,2010.

[27]张宝军.现代建筑设备工程造价应用与施工组织管理[M].北京:中国建筑工业出版社,2004.

[28]周和生,尹贻林.建设项目全过程造价管理[M].天津:天津大学出版社,2008.

[29]林赛郡.建筑工程造价管理软件和网络信息化的应用[J].房地产导刊,2014(8):218-219.

[30]曹磊,谭建领,李奎.建筑工程BIM技术应用[M].北京:中国电力出版社,2017.

[31]王振强.日本工程造价管理[M].天津:南开大学出版社,2002.